"十三五"环境科学与工程系列规划教材

主　编◎岳　梅
副主编◎马明海　陈世勇

环境监测实验

（第 2 版）

U0295644

合肥工业大学出版社

图书在版编目(CIP)数据

环境监测实验(第 2 版)/岳梅主编 . —合肥:合肥工业大学出版社,2014.6
(2017.1 重印)

ISBN 978 - 7 - 5650 - 1830 - 5

Ⅰ.①环…　Ⅱ.①岳…　Ⅲ.①环境监测-实验　Ⅳ.①X83 - 33

中国版本图书馆 CIP 数据核字(2014)第 102684 号

环境监测实验(第 2 版)

主　编　岳　梅		副主编	马明海	陈世勇

出　版	合肥工业大学出版社	版　次	2012 年 8 月第 1 版	
地　址	合肥市屯溪路 193 号		2014 年 6 月第 2 版	
邮　编	230009	印　次	2017 年 1 月第 3 次印刷	
电　话	综合编辑部:0551—62903204	开　本	710 毫米×1010 毫米　1/16	
	市场营销部:0551—62903198	印　张	15.5　字　数　304 千字	
网　址	www.hfutpress.com.cn	印　刷	合肥现代印务有限公司	
E-mail	hfutpress@163.com	发　行	全国新华书店	

主编信箱　13855165692@163.com		责编信箱/热线　zrsg2020@163.com　13965102038	

ISBN 978 - 7 - 5650 - 1830 - 5　　　　定价:35.00 元

如果有影响阅读的印装质量问题,请与出版社市场营销部联系调换

前　　言

　　本教材以近年来各本科院校环境监测课程内容及课时安排为依据，确定编写教材的内容和篇幅，力求具有代表性和实用性。选择编入的实验项目均为常规环境监测项目，同时兼顾学习的监测方法尽量不重复，以便让学生在有限的学习时间里，可以熟悉更多的测定仪器和设备。

　　本教材根据实验性质不同，共编入基础性实验和综合设计性实验 24 个，由安徽省内几所高校中实验教学经验丰富的老师共同编写：实验一、二、十、十七由安徽科技学院陈世勇执笔，实验三、八、九、十三、十六、二十二由黄山学院马明海执笔，实验四、二十、二十四由蚌埠学院朱兰保执笔，实验五、七、十四、十五、十八、二十三由安徽工业大学钟梅英和戴波执笔，实验六、十一、十二、十九、二十一由合肥学院岳梅和刘盛萍执笔。岳梅教授对全书进行设计、修改、审核和定稿。

　　本教材兼有实验指导书和工具书的特点，详细介绍了水、空气、土壤和微生物等常规监测指标的取样、预处理、测定方法和测定步骤，对不同环境要素的质量评价及综合性指数的监测布点与数据处理，也选择性地编入和注释了测定过程中常遇到的技术问题。本教材突出应用型本科特点，在每个实验部分都设有技能训练，对相关实验中涉及的关键技术、仪器原理或操作规范和规程等进行详细介绍，有助于学生在实验过程中掌握要点和细点。

　　本教材在第 1 版的基础上，根据最新的行业标准进行了内容的修订，改正了原书中的个别问题，增设了课件（见封底二维码和出版社网站配套资源下载），方便老师、学生和相关人士教学和自学。

　　本教材适合环境、生物、食品和化工等相关专业的本科生、研究生使用，也可供从事环境监测和食品安全检测部门的专业人士使用和参考。

编　者

2014 年 6 月

目　录

实验一　废水悬浮物和电导率的测定

一、实验提要

废水包括生活污水、工业废水和雨水径流入排水管渠等其他无用水。废水中通常含有大量非水物质（残渣），如各种颗粒物，有机物质，无机酸、碱、盐等。水中残渣分为可滤残渣和不可滤残渣，悬浮物（suspended solids，SS）指不可滤残渣，即无法通过 0.45μm 滤纸或过滤器的有机和无机的固体物质，包括不溶于水中的无机物、有机物及泥沙、黏土、微生物等。悬浮物含量是反映水质污染程度的指标之一，为必测指标。

纯水几乎不导电，但水中溶有离子之后，导电能力增强。水的电导率是反映水导电性能的指标，与水中所含无机酸、碱、盐的量有一定关系。通常，在离子组成相同的情况下，电导率越大，水中离子浓度越高。该指标常用于推测水中离子的总浓度或含盐量。

（一）实验目的

1. 明确水体物理指标对水质评价的意义。

2. 掌握悬浮性固体、电导率的测定原理与方法。

（二）实验原理

1. 悬浮物的测定

水中悬浮物可以用滤器过滤出来，经 103℃～105℃烘干、称重，即可计算水中悬浮物的量。

常用的滤器有滤纸、滤膜、石棉坩埚。由于它们的滤孔大小不一，报告结果时应注明。石棉坩埚通常用于过滤酸或碱浓度高的水样。

2. 电导率的测定

将两块平行的极板，放到被测溶液中，在极板的两端加上一定的电势（通常为正弦波电压），然后测量极板间流过的电流。根据欧姆定律和两极板的面积及距离，可计算电阻率，电阻率的倒数即为电导率。图 1-1 为电阻分压式电导仪原理示意图。

电导率仪是测定溶液电导或电导率的专用仪器，由电导池系统和测量仪器组成。根据仪器的测量电导原理不同，电导率仪分为平衡电桥式、电阻分压式、电流测量式、电磁诱导式等类型。电导率仪法检出限为 1μS/cm（25℃）。

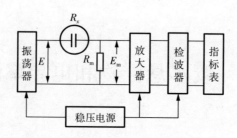

图 1-1 电阻分压式电导仪原理示意图

二、仪器、试剂及材料

(一) 仪器材料

1. 全玻璃微孔滤膜过滤器。

2. CN-CA 滤膜（混合纤维素滤膜），孔径 0.45μm，直径 60mm。

3. 吸滤瓶、真空泵。

4. 无齿扁嘴镊子。

5. 中速定量滤纸、漏斗。

6. 恒温干燥箱。

7. 电导率仪。

(二) 实验试剂

1. 蒸馏水或同等纯度的水。

2. 0.01mol/L KCl 标准溶液。

三、实验内容

(一) 悬浮物的测定

1. 采样及样品贮存

(1) 采样

所用聚乙烯瓶或硬质玻璃瓶要用洗涤剂洗净，再依次用自来水和蒸馏水冲洗干净。在采样之前，再用即将采集的水样清洗三次。然后，采集具有代表性的水样 500~1000ml，盖严瓶塞。

(2) 样品贮存

采集的水样应尽快分析测定。如需放置，应贮存在 4℃冷藏箱中，但最长不得超过 7d。

2. 标准测定操作步骤

(1) 滤膜准备

用扁嘴无齿镊子夹取微孔滤膜放于事先恒重的称量瓶里，移入烘箱中于

103℃～105℃烘干30min后取出，置干燥器内冷却至室温，称其重量。反复烘干、冷却、称量，直至两次称量的重量差≤0.2mg。将恒重的微孔滤膜正确地放在滤膜过滤器的滤膜托盘上，加盖配套的漏斗，并用夹子固定好。以蒸馏水湿润滤膜，并不断吸滤。

（2）测定

量取充分混合均匀的试样100ml，抽吸过滤。使水分全部通过滤膜，再以每次10ml蒸馏水连续洗涤三次，继续吸滤以除去痕量水分。停止吸滤后，仔细取出载有悬浮物的滤膜放在原恒重的称量瓶里。

移入烘箱中于103℃～105℃下烘干1h后移入干燥器中，使冷却到室温，称其重量。反复烘干、冷却、称量，直至两次称量的重量差≤0.4mg为止。

3. 简易测定操作步骤

（1）将中速定量滤纸在103℃～105℃烘至恒重。

（2）剧烈振荡水样，迅速用量筒取100ml水样，并使之全部通过滤纸，如悬浮物质太少，可增加取样体积。

（3）将滤纸及悬浮物在103℃～105℃下至少烘干1h，放入干燥器内冷却30min，称量，并重复烘干、冷却、称量，直至恒重（两次称量之差小于0.4mg）。

（二）电导率的测定

1. 按电导率仪的使用要求预热、调试仪器，使其进入正常使用状态。

2. 将一定体积澄清的水样移入50ml烧杯中，插入电导电极直接测定，从仪器上读得电导率。（常用电导率仪使用规程附后）

注：测定悬浮物时采用干过滤法获得的滤液亦可直接用于电导率的测定。

四、实验数据整理

（一）数据记录

测定数据分别填入表1-1、表1-2中。

表1-1　悬浮物测定实验数据记录表

采样时间：　　　年　　月　　日　　　　　　　　　　　　测试人：

分析编号	样品名称	样品体积（ml）	（滤器＋悬浮物）干重（g）	滤器干重（g）	悬浮物含量（mg/L）

表 1-2　电导率测定实验数据记录表

采样时间：　　　年　　月　　日　　　　　　　　　　　　　　　测试人：

分析编号	样品名称	电极常数	溶液温度（℃）	温度补偿	仪器读数	电导率（μS/cm）

注：若进行了温度补偿操作，则"温度补偿"栏打"√"；若没有，则打"×"。

（二）计算

1. 悬浮物（SS）含量 c（mg/L）按式（1-1）计算：

$$c\ (\text{mg/L}) = \frac{(A-B)\times10^6}{V} \tag{1-1}$$

式中：A——悬浮物＋滤膜＋称量瓶重量（滤纸加残渣质量），g；

　　　B——滤膜＋称量瓶重量（滤纸质量），g；

　　　V——试样体积，ml。

2. 电导率计算

若所用电极的电极常数为 1，仪器具有温度补偿功能并且进行了温度补偿操作，则测定时仪器读数即为 25℃时溶液的电导率，无需计算。若电极常数不是1，则测定结果需要计算。

溶液电导率按下式计算：

$$电导率＝电导率仪读数×电极常数$$

温度不是 25℃，则还需要换算成 25℃下的电导率（标准电导率）。实测电导率可按式（1-2）换算成溶液标准电导率：

$$K_{T'} = \frac{K_T}{1+\alpha\ (T-T')} \tag{1-2}$$

式中：T'——参考温度（25℃）；

　　　T——测量时水样温度；

　　　K——电导率；

　　　α——温度补偿系数，一般约为 2%/℃。

五、实验前应准备的问题

（一）悬浮物的测定

1. 漂浮或浸没的不均匀固体物质不属于悬浮物质，应从水样中除去。

2. 样品贮存，不能加入任何保护剂，以防止破坏物质在固、液间的分配平衡。

3. 滤膜上截留过多的悬浮物可能夹带过多的水分，除延长干燥时间外，还可能造成过滤困难。遇此情况，可酌情少取试样。滤膜上悬浮物过少，则会增大称量误差，影响测定精度，必要时，可增大试样体积。一般以 5～10mg 悬浮物量作为量取试样体积的实用范围。

（二）电导率的测定

1. 对未知电导池常数的电极（或需要校正电导池常数时），可用该电极测定已知电导率的氯化钾标准溶液（25℃±5℃）的电导，然后按所测结果算出该电极的电导池常数。为了减少误差，应当选用电导率与待测水样相近的氯化钾标准溶液进行标定。电极常数具体测定方法如下：

（1）参比溶液法：先清洗电极，然后将电极插入标准溶液中（已知电导率值为 K），控制溶液的温度为 25℃±0.1℃。仪器测出标准溶液的电导值为 K_1，按公式 $J_1＝K/K_1$，即可得出电极常数 J_1。

（2）比较法：用一已知常数 J 的电极和未知常数 J_1 的电极测量同一溶液的电导率，分别测出的电导率为 K 和 K_1，按公式 $J_1/J＝K/K_1$，即可得出电极常数 $J_1＝J×K/K_1$。

测定电极常数的 KCl 标准浓度见表 1－3 所列。

表 1－3　测定电极常数的 KCl 标准浓度

电极常数（1/cm）	0.01	0..1	1	10
KCl 近似浓度（mol/L）	0.001	0.001	0.01	0.1 或 1

注：KCl 应使用一级试剂，并且在 110℃烘干箱中烘制 4h，取出在干燥器中冷却后方可称量。

KCl 校准浓度及其电导率值见表 1－4 所列。

表 1－4　KCl 校准浓度及其电导率值

电导率（S/cm） 浓度（mol/L） 温度（℃）	1	0.1	0.01	0.001
15	0.09212	0.010455	0.0011414	0.0001185
18	0.09780	0.011163	0.0012200	0.0001267
20	0.10170	0.011644	0.0012737	0.0001322
25	0.11131	0.012852	0.0014083	0.0001465
35	0.13110	0.015351	0.0016876	0.0001765

注：1：20℃下每升溶液中 KCl 为 74.2460g；

0.1：20℃下每升溶液中 KCl 为 7.4365g；

0.01：20℃下每升溶液中 KCl 为 0.7440g；

0.001：20℃下将 100ml 的 0.01mol/L 溶液稀释至 1L。

2. 水样采集后应尽快测定，并且测定时水样应保持澄清，如含有粗大悬浮物质、油和脂，干扰测定，应过滤或萃取除去。

3. 使用中如发现电极的铂黑脱落或读数不正常，则需按下述步骤重新镀铂黑或更换电极。先将电极浸入王水中电解数分钟，每分钟改变电流方向一次，使铂黑溶解，待铂片恢复光亮后，用温热的铬酸洗液或盐酸（1+1）浸洗，再用自来水和去离子水冲洗干净。然后将电极浸入氯铂酸-乙酸铅溶液［分别称取 1g 氯铂酸（$H_2PtCl_6 \cdot 6H_2O$）和 0.012g 乙酸铅［$Pb(CH_3COO)_2 \cdot 3H_2O$］于烧杯中，用 100ml 去离子水溶解，搅匀，贮于棕色瓶中］中，以 1.5V 干电池为电解电源，电流强度应只允许产生少量气泡，每 5min 改变电流一次，直到镀上一层均匀的铂黑为止。电极用去离子水洗净，并用滤纸吸干表面水分，装入盒内保存备用。

六、实验技能训练——数据记录及有效数字读取

（一）原始数据记录方法

1. 水和污水现场监测采样、样品保存、样品传输、样品交接、样品处理和实验室分析的原始记录是监测工作的重要凭证，应在记录表格或专用记录本上按规定格式，对各栏目认真填写。原始记录表（本）应有统一编号，个人不得擅自销毁，用毕按期归档保存。

2. 原始记录使用墨水笔或档案用圆珠笔书写，做到字迹端正、清晰。如原始记录上数据有误而要改正时，应在错误的数据上划以斜线；如需改正的数据成片，亦可将其画以框线，并添加"作废"两字，再在错误数据的上方写上正确的数字，并在右下方签名（或盖章）。不得在原始记录上涂改或撕页。

3. 监测人员必须具有严肃认真的工作态度，对各项记录负责，及时记录，不得以回忆方式填写。

4. 每次报出数据前，原始记录上必须有测试人和校核人签名。

5. 站内外其他人员查阅原始记录时，需经有关领导批准。

6. 原始记录不得在非监测场合随身携带，不得随意复制、外借。

（二）测量数据的有效数字读取

1. 有效数字用于表示测量数字的有效意义。指测量中实际能测得的数字，由有效数字构成的数值，其倒数第二位以上的数字应是可靠的（确定的），只有末位数是可疑的（不确定的）。对有效数字的位数不能任意增删。

2. 由有效数字构成的测定值必然是近似值，因此，测定值的运算应按近似计算规则进行。

3. 数字"0"，当它用于指小数点的位置，而与测量的准确度无关时，不是

有效数字；当它用于表示与测量准确程度有关的数值大小时，即为有效数字。这与"0"在数值中的位置有关。

4. 一个分析结果的有效数字的位数，主要取决于原始数据的正确记录和数值的正确计算。在记录测量值时，要同时考虑到计量器具的精密度和准确度，以及测量仪器本身的读数误差。对检定合格的计量器具，有效位数可以记录到最小分度值，最多保留一位不确定数字（估计值）。

以实验室最常用的计量器具为例：

（1）用天平（最小分度值为 0.1mg）进行称量时，有效数字可以记录到小数点后面第四位，如 1.2235g，此时有效数字为五位；称取 0.9452g，则为四位。

（2）用玻璃量器量取体积的有效数字位数是根据量器的容量允许差和读数误差来确定的。如单标线 A 级 50ml 容量瓶，准确容积为 50.00ml；单标线 A 级 10ml 移液管，准确容积为 10.00ml，有效数字均为四位；用分度移液管或滴定管，其读数的有效数字可达到其最小分度后一位，保留一位不确定数字。

（3）分光光度计最小分度值为 0.005，因此，吸光度一般可记到小数点后第三位，有效数字位数最多只有三位。本次使用的电导率仪的最小分度值是 0.1。

（4）带有计算机处理系统的分析仪器，往往根据计算机自身的设定，打印或显示结果，可以有很多位数，但这并不增加仪器的精度和可读的有效位数。

（5）在一系列操作中，使用多种计量仪器时，有效数字以最少的一种计量仪器的位数表示。

5. 表示精密度的有效数字根据分析方法和待测物的浓度不同，一般只取 1～2 位有效数字。

6. 分析结果有效数字所能达到的位数不能超过方法最低检出浓度的有效位数所能达到的位数。例如，一个方法的最低检出浓度为 0.02mg/L，则分析结果报 0.088mg/L 就不合理，应报 0.09mg/L。

7. 以一元线性回归方程计算时，校准曲线斜率 b 的有效位数，应与自变量 x_i 的有效数字位数相等，或最多比 x_i 多保留一位。截距 a 的最后一位数，则和因变量 y_i 数值的最后一位取齐，或最多比 y_i 多保留一位数。

8. 在数值计算中，当有效数字位数确定之后，其余数字应按修约规则一律舍去。

9. 在数值计算中，某些倍数、分数、不连续物理量的数值，以及不经测量而完全根据理论计算或定义得到的数值，其有效数字的位数可视为无限。这类数值在计算中需要几位就定几位。

七、建议教学时数：3 学时

思考题

1. 废水中悬浮物和电导率的测定有何意义？
2. 电导率测定前，水样是否需要处理，为什么？
3. 本次使用的电导率仪有效数字位数是几位？

附：雷磁 DDS—307 型电导率仪

（一）仪器结构（图 1-2）

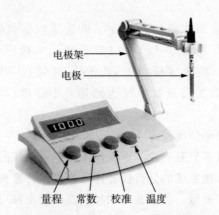

图 1-2　电导率仪（雷磁 DDS—307 型）

（二）性能指标

仪器级别：1.0 级

1. 测量范围：$0.00\mu S/cm \sim 100mS/cm$。

2. 基本误差：$\pm 0.5\%FS$。

3. 稳定性：（$\pm 0.33\%FS \pm 1$ 个字）/3h。

4. 温度补偿范围：手动（$15.0 \sim 35.0$）℃。

5. 温度补偿系数：2%。

6. 电源：AC（220 ± 22）V；（50 ± 1）Hz。

7. 外形尺寸（mm）：$290 \times 210 \times 95$。

8. 仪器重量：1.5kg。

9. 机箱外形编号：WXS—A000—1。

（三）使用方法

1. 开机：按下电源开关，预热 30min。

2. 校准：将"量程"开关旋钮指向"检查"，"常数"补偿调节旋钮指向

"1"刻度线,"温度"补偿调节旋钮指向"25"刻度线,调节"校准"调节旋钮,使仪器显示 $100.0\,\mu S/cm$。

3. 测量

(1) 调节"常数"补偿旋钮使显示值与电极上所标常数值一致;

(2) 调节"温度"补偿旋钮至待测溶液实际温度值;

(3) 调节"量程"开关至显示器有读数,若显示值熄灭表示量程太小;

(4) 先用蒸馏水清洗电极,滤纸吸干,再用被测溶液清洗一次,把电极浸入被测溶液中,用玻璃棒搅拌溶液,使溶液均匀,读出溶液的电导率值。

4. 结束:用蒸馏水清洗电极;关机。

实验二 水中六价铬的测定

一、实验提要

水中的铬有三价、六价两种价态，含铬的污染源主要来源于电镀、冶炼、制革、纺织、制药等工业废水。自然中的铬常以元素或三价状态存在。

铬通过在生物体内蓄积对生物健康产生危害。三价铬和六价铬对人体健康都有害，一般认为，六价铬的毒性强，更易为人体吸收而且可在体内蓄积。用含铬的水灌溉农作物，铬可富积于果实中。

铬的测定可采用比色法、原子吸收分光光度法和滴定法。水样中铬含量较高时，可使用硫酸亚铁铵滴定法测定其含量。受轻度污染的地面水中的六价铬，可直接用比色法测定，污水和含有机物的水样可使用氧化比色法测定总铬含量。

本次实验所学习的二苯碳酰二肼比色法是水及废水例行分析中铬测定的常用方法。

（一）实验目的

1. 了解水中铬的来源及测定水中铬的意义。

2. 掌握二苯碳酰二肼分光光度法测定铬的基本原理和方法。

（二）实验原理

比色法测定水中铬常用显色剂为二苯碳酰二肼。使用二苯碳酰二肼比色法测定铬时，可直接比色测定六价铬，如果先将三价铬氧化成六价铬后再测定就可以测得水中的总铬。

酸性溶液中，六价铬与二苯碳酰二肼（DPC）反应生成紫红色产物使溶液呈现紫红色，在一定浓度范围内，颜色深浅与溶液中铬的浓度呈正相关，可用分光光度法测定。

$$O=C\underset{NH-NH-C_6H_5}{\overset{NH-NH-C_6H_5}{\big<}} + Cr^{6+} \longrightarrow O=C\underset{NH-NH-C_6H_5}{\overset{NH-NH-C_6H_5}{\big<}} + Cr^{3+} \longrightarrow 紫红色络合物$$

$$\text{（DPC）} \qquad\qquad\qquad \text{（苯肼羟基偶氮苯）}$$

本方法的最低检出质量浓度为 0.004mg/L 铬，使用 1cm 比色皿，测定上限为 1mg/L 铬。

二、仪器、试剂及材料

(一) 仪器材料

1. 分光光度计。

2. 50ml 比色管。

(二) 实验试剂

1. 丙酮：分析纯，99.5％ (GB/T 686—2008)。

2. (1＋1) 硫酸：将硫酸 (H_2SO_4，$\rho=1.84g/ml$，优级纯) 缓缓加入同体积的水中，不断搅拌混匀。

3. (1＋1) 磷酸：将磷酸 (H_3PO_4，$\rho=1.69g/ml$，优级纯) 与水等体积混合。

4. 2％ (m/V) 氢氧化钠溶液：氢氧化钠 (NaOH) 2g 溶于水并稀释至 100ml。

5. 氢氧化锌共沉淀剂：用时将 100ml 80g/L 硫酸锌 ($ZnSO_4 \cdot 7H_2O$) 溶液和 120ml 20g/L 氢氧化钠溶液混合。

6. 4％ (m/V) 高锰酸钾溶液：称取高锰酸钾 ($KMnO_4$) 4g，在加热和搅拌下溶于水，最后稀释至 100ml。

7. 铬标准贮备液：称取于 120℃ 干燥 2h 的重铬酸钾 (K_2CrO_7，优级纯) 0.2829g，用水溶解后，移入 1000ml 容量瓶中，用水稀释至标线，摇匀。此溶液 1ml 含 0.10mg 六价铬。

8. 铬标准使用液：吸取 5.00ml 铬标准贮备液置于 500ml 容量瓶中，用水稀释至标线，摇匀。此溶液 1ml 含 1.00μg 六价铬。使用当天配制。

9. 20％ (m/V) 尿素溶液：将 (NH_2)$_2$CO 20g 溶于水并稀释于 100ml。

10. 2％ (m/V) 亚硝酸钠溶液：将亚硝酸钠 ($NaNO_2$) 2g 溶于水并稀释至 100ml。

11. 二苯碳酰二肼显色剂 (I)：称取 0.20g 二苯碳酰二肼 (DPC，$C_{13}H_{14}N_4O$) 溶于 50ml 丙酮中，加水稀释至 100ml，摇匀，贮于棕色瓶，置冰箱中。颜色变深后不能使用。

12. 二苯碳酰二肼显色剂 (II)：称取 2g 二苯碳酰二肼 (DPC，$C_{13}H_{14}N_4O$) 溶于 50ml 丙酮中，加水稀释至 100ml，摇匀，贮于棕色瓶，置冰箱中。颜色变深后不能使用。

三、实验内容

(一) 水样的采集

实验室样品应该用玻璃瓶采集。采集时，加入氢氧化钠，调节样品 pH 值约为 8。并在采样后尽快测定，如放置，不要超过 24h。

（二）实验步骤

1. 水样的预处理

（1）对不含悬浮物、低色度的清洁地面水，可直接测定，不需预处理。

（2）如果水样有色但不太深时，可进行色度校正。即另取一份水样，加入除显色剂以外的各种试剂，以 2ml 丙酮代替显色剂，用此溶液为测定试样溶液吸光度的参比溶液。

（3）对浑浊、色度较深的水样，可用氢氧化锌共沉淀剂分离法进行前处理。取适量水样（含六价铬少于 100μg）于 150ml 烧杯中，加水至 50ml。滴加氢氧化钠溶液，调节溶液 pH 值为 7～8。在不断搅拌下，滴加氢氧化锌共沉淀剂至溶液 pH 值为 8～9。将此溶液转移至 100ml 容量瓶中，用水稀释至标线。用慢速滤纸过滤，弃去 10～20ml 初滤液，取其中 50.0ml 滤液供测定。

（4）二价铁、亚硫酸盐、硫代硫酸盐等还原性物质的消除。取适量水样（含六价铬少于 50μg）于 50ml 比色管中，用水稀释至标线，加入 4ml 显色剂 II，混匀，放置 5min 后，加入 1ml 硫酸溶液，摇匀。5～10min 后，在 540nm 波长处，用 10mm 或 30mm 光程的比色皿，以水做参比，测定吸光度。扣除空白实验测得的吸光度后，从校准曲线查得六价铬含量。用同法做校准曲线。

（5）次氯酸盐等氧化性物质的消除。取适量水样（含六价铬少于 50μg）于 50ml 比色管中，用水稀释至标线，加入 0.5ml 硫酸溶液、0.5ml 磷酸溶液、1.0ml 尿素溶液，摇匀，逐滴加入 1ml 亚硝酸钠溶液，边加边摇，以除去由过量的亚硝酸钠与尿素反应生成的气泡，待气泡除尽后，按水样测定方法（免去加硫酸溶液和磷酸溶液）进行操作。

2. 空白实验

按与水样完全相同的处理步骤进行空白实验，仅用 50ml 蒸馏水代替水样。

3. 标准曲线制作

向一系列 50ml 比色管中分别加入 0.00ml、0.20ml、0.50ml、1.00ml、2.00ml、4.00ml、6.00ml、8.00ml 和 10.00ml 铬标准使用液，用水稀释至标线，加入 0.5ml 硫酸溶液和 0.5ml 磷酸溶液，摇匀。加入 2ml 显色剂 I，摇匀，放置 5～10min 后，在 540nm 波长处，用 10mm 或 30mm 的比色皿，以水做参比，测定吸光度并作空白校正。以吸光度为纵坐标，六价铬含量为横坐标绘制标准曲线。

4. 水样测定

取适量（含六价铬少于 50μg）无色透明水样，置于 50ml 比色管中，用水稀释至标线。加入 0.5ml 硫酸溶液和 0.5ml 磷酸溶液，摇匀。加入 2ml 显色剂 I，摇匀，放置 5～10min 后，在 540nm 波长处，用 10mm 或 30mm 的比色皿，以蒸馏水做参比，测定吸光度，扣除空白实验测得的吸光度后，从校准曲线上查得六价铬含量。（如经锌盐沉淀分离、高锰酸钾氧化法处理的样品，可直接加入显色剂测定）

5. 结果计算

六价铬含量 c（mg/L）按式（2-1）计算：

$$c_{Cr^{6+}} \ (mg/L) = \frac{m}{V} \tag{2-1}$$

式中：m——从标准曲线查得的 Cr^{6+} 量，μg；

　　　V——水样的体积，ml。

四、实验数据整理

（1）测定数据填入表 2-1 中。

表 2-1　实验数据记录表

采样时间：　　年　月　日　测试时间：　　年　月　日　　　　测试人：

分析编号	样品名称	水样体积（ml）	水样状况		预处理方法				吸光度	铬含量（mg/L）
			浑浊度	色度	共沉淀法	活性炭法	还原物质	氧化物质		

（2）对实验测定数据简要评价。

五、实验前应准备的问题

1. 六价铬与二苯碳酰二肼反应时，硫酸浓度一般控制在 0.05～0.3mol/L，以 0.2mol/L 时显色最好。显色前，水样应调至中性。

2. 温度和放置时间对显色有影响，温度 15℃，5～15min 时颜色即稳定。

3. 所用的玻璃仪器（包括采样瓶），应不用重铬酸钾洗液洗涤，如必须用重铬酸钾洗液洗涤时，应再用硫酸-硝酸混合洗液洗涤，用水冲洗后，再用蒸馏水冲洗干净。玻璃器皿内壁要求光洁，防止铬离子被吸附。

六、实验技能训练——水样前处理的活性炭吸附法

水中悬浮物对光有阻碍作用,有色成分对光有吸收作用,因此浑浊和有色的水样中的悬浮物和有色物质会干扰铬的分光光度法测定,应加以去除。水样有色和浑浊时,除可用氢氧化锌共沉淀剂分离法进行前处理外,也可采用活性炭吸附法进行前处理(含有碱性条件下易被活性炭吸附的有色物质)。方法如下:

1. 活性炭柱内径 6mm,高 10cm。内装用 5%硫酸浸泡 4h 并洗至中性的粒状活性炭(分析纯),填柱高 8~10cm。

2. 用 0.01mol/L 氢氧化钠溶液洗活性炭柱,至流出液 pH 值为 8。

3. 取一定量调节成中性的水样,加入 1ml 的 0.01mol/L 氢氧化钠溶液,用水稀释并定容至 100ml。此液 pH 值应为 8 左右,以 4ml/min 的流速过活性炭柱。弃去初流出液 10~20ml,取其中 50.00ml 流出液,显色测定。

七、建议教学时数:3 学时

思考题

1. 水样前处理的意义及主要前处理方法的作用是什么?
2. 如何运用二苯碳酰二肼比色法测定水中总铬?
3. 二苯碳酰二肼比色法测定溶液铬的条件有哪些?

实验三　水中化学需氧量（COD_{Cr}）的测定

一、实验提要

化学需氧量（chemical oxygen demand，COD），是指在一定的条件下，采用一定的强氧化剂处理水样所消耗的氧化剂的量，以 O_2 的 mg/L 表示。常用的氧化剂主要是重铬酸钾和高锰酸钾。以高锰酸钾作氧化剂时，测得的值称高锰酸盐指数（COD_{Mn}）或简称 OC；以重铬酸钾作氧化剂时，测得的值称 COD_{Cr}。COD 与五日生化需氧量（BOD_5）的关系为 $COD_{Cr} > BOD_5 > OC$。化学需氧量反映水体受还原性物质污染的程度，是水体质量评价中的重要指标之一。

COD_{Cr} 采用 GB 11914—89 方法测定，该法适用于 COD 含量在 30～700mg/L（未经稀释）之间的各种类型的废水测定。

（一）实验目的

1. 了解化学需氧量的类型及其指标意义。
2. 熟悉 COD 测定中水样的采集与保存方法。
3. 掌握重铬酸钾法测定 COD_{Cr} 的原理和方法。
4. 掌握标准溶液的配制与标定。

（二）实验原理

在强酸性溶液中，以银盐作催化剂，准确加入过量的重铬酸钾标准溶液，加热回流 2h，将水样中还原性物质（主要是有机物）氧化，过量的重铬酸钾以试亚铁灵作指示剂，用硫酸亚铁铵标准溶液回滴，滴定终点为蓝绿色变成红褐色，根据所消耗的硫酸亚铁铵标准溶液的量来换算水样中还原性物质消耗氧的质量浓度。反应过程如下：

$$Cr_2O_7^{2-} + 14H^+ + 6e^- \longrightarrow 2\,Cr^{3+} + 7H_2O$$

$$Cr_2O_7^{2-} + 14H^+ + 6\,Fe^{2+} \longrightarrow 6\,Fe^{3+} + 2\,Cr^{3+} + 7H_2O$$

$$Fe^{2+} + 试亚铁灵 \longrightarrow 红褐色$$

二、仪器、试剂及材料

(一) 仪器材料

实验室常用仪器：烘箱、万分之一电子天平、蒸馏水器或纯水机、移液管、容量瓶等。

本实验仪器：

1. 回流装置（图3-1）：带有250ml磨口锥形瓶的全玻璃回流装置（若取样量在30ml以上，采用500ml磨口锥形瓶）。

2. 加热装置（图3-2）：远红外消煮炉（可恒温定时）或普通电炉。

3. 25ml或50ml酸式滴定管。

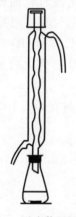

图3-1 回流装置图

图3-2 远红外消煮炉

(二) 实验试剂

1. 重铬酸钾标准溶液 [c (1/6) $K_2Cr_2O_7$＝0.2500mol/L]：称取预先在103℃～105℃烘干2h并冷却（于干燥器中恒温）至室温的基准或优级纯（GR）重铬酸钾12.258g，溶于水中，转移至1000ml容量瓶中，用水稀释至标线，摇匀。一般在避光、防潮、防高温的条件下可以保存1周不变质，最好现配现用。

2. 试亚铁灵指示液：分别称取1.485g邻菲罗啉（$C_{12}H_8N_2 \cdot H_2O$）和0.695g硫酸亚铁（$FeSO_4 \cdot 7H_2O$）溶于水中，稀释至100ml，贮于棕色瓶中。

3. 硫酸亚铁铵标准溶液 [c (NH_4)$_2$Fe (SO_4)$_2 \cdot 6H_2O \approx 0.1$mol/L]：称取39.5g硫酸亚铁铵溶于水中，边搅拌边缓慢加入20ml浓硫酸，冷却后移入1000ml容量瓶中，加水稀释至标线，摇匀。每日使用前，须用重铬酸钾标准溶液标定。标定方法如下：

准确吸取10.00ml重铬酸钾标准溶液于500ml锥形瓶中，加水稀释至110ml

左右，缓慢加入 30ml 浓硫酸，摇匀。冷却后，加入 3~4 滴试亚铁灵指示液（约 0.15~0.20ml），用硫酸亚铁铵标准溶液滴定，溶液的颜色由黄色经蓝绿色至红褐色即为终点，记录硫酸亚铁铵标准溶液的用量（V），按式（3-1）计算其浓度（c）：

$$c = (0.2500 \times 10.00) / V \qquad (3-1)$$

式中：c——硫酸亚铁铵标准溶液的浓度，mol/L；

$\quad\quad V$——硫酸亚铁铵标准溶液的用量，ml。

4. 硫酸-硫酸银溶液：于 500ml 浓硫酸中加入 5g 硫酸银。放置 1~2d，不时摇动使其溶解，或将其置于低速（50r/min）转动的摇床中震荡，可加速硫酸银的溶解，使用前小心摇动。

5. 邻苯二甲酸氢钾标准溶液 $[c(KC_6H_5O_4) = 2.0824\text{mmol/L}]$：称取 103℃～105℃烘干 2h 的邻苯二甲酸氢钾 0.4251g 溶于水，并稀释至 1000ml，混匀。以重铬酸钾为氧化剂，将邻苯二甲酸氢钾完全氧化的 COD 值为 1.176g 氧/g（即 1g 邻苯二甲酸氢钾耗氧 1.176g），故该标准溶液的理论 COD 值为 500mg/L。

6. 硫酸汞：结晶或粉末，剧毒品。

7. 玻璃珠或沸石：洗净，烘干备用。

说明：实验所用试剂无特别说明外均为分析纯级，实验用水均为蒸馏水或相当纯度的纯水。

三、实验内容

（一）采集试样

采集水样需使用玻璃瓶，采样前需将玻璃瓶用待测水样反复冲洗，并注满瓶，尽快分析。若不能立即分析时，应加入少量浓硫酸至 pH<2，并于 4℃下保存不超过 5d。采集水样的体积应不少于 100ml。

（二）实验步骤

1. 取 20.0ml 混合均匀的水样（浓度高时则取适量水样稀释至 20.0ml）置于 250ml 磨口锥形瓶中，准确加入 10.0ml 重铬酸钾标准溶液及数粒（4~5 粒即可）玻璃珠或沸石。用橡胶管或乳胶管连接各回流冷凝管，连接冷凝管和磨口锥形瓶，使得所有冷凝管的水流方向均为"下进上出"，进水端连接冷凝水（一般用自来水），保持出水均匀。然后，使用量杯或移液管将 30ml 硫酸-硫酸银溶液从冷凝管上口慢慢地加入，轻轻摇动锥形瓶使之混合均匀，开启加热装置，自溶液沸腾开始计时，回流 2h。

（1）对于高浓度水样，可先取上述操作所需体积的 1/10 的废水样和试剂于 15mm×150mm 硬质玻璃试管中，摇匀后，加热至沸腾数分钟，观察溶液是否呈蓝绿色。如果溶液呈蓝绿色,再适当减少废水取样量,重复以上实验,直至溶液不变蓝绿色为止,从而确定待测水样的取样体积。稀释时,所取废水样量不宜少于 5ml,如果化学需氧量很高,则废水样应多次稀释。

(2) 如果废水中氯离子含量超过 30mg/L 时,应先把 0.4g 硫酸汞加入磨口锥形瓶中,再加入 20.0ml 水样,摇匀。

2. 关闭加热装置,自然冷却后,先用 20~30ml 水自冷凝管上口冲洗冷凝管内壁,取下锥形瓶,再用水稀释至 140ml 左右。溶液总体积不得少于 140ml,否则因酸度太大,滴定终点不明显。

3. 溶液冷却至室温后,加入 3~4 滴试亚铁灵指示液,用硫酸亚铁铵标准溶液滴定,溶液的颜色由黄色经蓝绿色变为红褐色即为终点,记录硫酸亚铁铵标准溶液的消耗量 V_1。

4. 取 20.0ml 重蒸馏水代替水样 (可与水样同时测定),其他相同,按上述操作步骤进行空白实验,记录滴定空白时硫酸亚铁铵标准溶液的用量 V_0。

5. 校准:取 20.0ml 邻苯二甲酸氢钾标准溶液代替水样,其他相同,按上述操作步骤测定其 COD 值,用以检验实验操作水平及试剂纯度。该标准溶液的理论 COD 值为 500mg/L,如果校准的结果大于该理论值的 96%,即可认为实验步骤基本上是适宜的,否则,必须寻找原因,重复检验,使之达到要求。

四、实验数据整理

将实验数据记录于表 3-1 中。

表 3-1　实验数据记录表

采样时间:　　　　　　测试时间:　　　　　　　　　　　　测试人:

水样编号	水样体积 V (ml)	0.2500mol/L $K_2Cr_2O_7$ (ml)	$H_2SO_4-Ag_2SO_4$ (ml)	$HgSO_4$ (g)	$(NH_4)_2-Fe(SO_4)_2$ (mol/L)	滴定水样时 $(NH_4)_2-Fe(SO_4)_2$ 用量 V_1 (ml)	滴定空白时 $(NH_4)_2-Fe(SO_4)_2$ 用量 V_0 (ml)	COD (mg/L)

完成数据记录后,按式 (3-2) 计算水样的化学需氧量(以 O_2 的 mg/L 计):

$$COD_{Cr}（O_2，mg/L）=8×1000（V_0-V_1）\cdot c/V \qquad (3-2)$$

式中：c——硫酸亚铁铵标准溶液的浓度，mol/L；

　　　V_0——滴定空白时硫酸亚铁铵标准溶液用量，ml；

　　　V_1——滴定水样时硫酸亚铁铵标准溶液用量，ml；

　　　V——水样的体积，ml；

　　　8——氧（1/2 O）的摩尔质量，g/mol。

五、实验前应准备的问题

（一）试剂的配制

重铬酸钾和邻苯二甲酸氢钾需先经103℃～105℃烘干2h，恒重后备用，若无基准或优级纯重铬酸钾，实验要求不高时也可用分析纯代替；硫酸-硫酸银溶液应至少提前一天配制。

（二）牢记实验步骤

水样＋重铬酸钾＋玻璃珠＋硫酸汞→开启冷凝水→加硫酸-硫酸银→加热，冷凝水的水流方向为自下而上，即"下进上出"。

（三）注意事项

1. 使用0.4g硫酸汞可络合水样中氯离子的最高量达40mg，若取用20.0ml水样，即最高可络合2000mg/L氯离子浓度的水样。若氯离子的浓度较低，也可少加硫酸汞，使保持硫酸汞：氯离子＝10：1（W/W）。若出现少量氯化汞沉淀，并不影响测定。

2. 水样取用体积可在10.0～50.0ml范围内，但试剂用量及浓度需按表3-2进行相应调整，亦可得到满意的结果。

表3-2　水样取用量和试剂用量表

水样体积（ml）	0.25000mol/L K$_2$Cr$_2$O$_7$ 溶液（ml）	H$_2$SO$_4$-Ag$_2$SO$_4$ 溶液（ml）	HgSO$_4$（g）	（NH$_4$）$_2$-Fe（SO$_4$）$_2$ 溶液（mol/L）	滴定前总体积（ml）
10.0	5.0	15	0.2	0.050	70
20.0	10.0	30	0.4	0.100	140
30.0	15.0	45	0.6	0.150	210
40.0	20.0	60	0.8	0.200	280
50.0	25.0	75	1.0	0.250	350

3. 对于化学需氧量小于50mg/L的水样，应改用0.0250mol/L重铬酸钾标

准溶液。回滴时用 0.01mol/L 硫酸亚铁铵标准溶液。

4. 水样加热回流后，溶液中重铬酸钾剩余量应为加入量的 1/5～4/5 为宜。

5. 用邻苯二甲酸氢钾标准溶液检查试剂的质量和操作技术时，由于每克邻苯二甲酸氢钾的理论 COD_{Cr} 为 1.176g，所以溶解 0.4251g 邻苯二甲酸氢钾于重蒸馏水中，转入 1000ml 容量瓶，用重蒸馏水稀释至标线，使之成为 500mg/L 的 COD_{Cr} 标准溶液。用时新配。

6. COD_{Cr} 的测定结果应保留 3～4 位有效数字。

7. 每次实验时，应对硫酸亚铁铵标准滴定溶液进行标定，室温较高时尤其注意其浓度的变化。

8. 加入硫酸-硫酸银溶液后，水样变绿色，则需稀释重做；低浓度实验到达终点颜色后，即可记录读数，若退回蓝色，无需回滴。

六、实验技能训练——标准溶液配制与标定

溶液的配制方法有两种，直接法和标定法。直接法为准确称量基准物质，溶解后定容至一定体积；标定法，即先配制成近似需要的浓度（即储备液），再用基准物质或用标准溶液来进行标定。

标准溶液是分析实验室的计量基础，标准溶液的准确、可靠是从事滴定分析工作的前提。对标准溶液进行质量控制，就要对标准溶液的配制、标定、保管、使用等环节进行严格管理，这是获得可靠数据的基础。标准溶液的配制离不开实验用水和试剂的选择。

（一）实验用水

分析实验室用水的级别分为一级水、二级水、三级水。一级水用于有严格要求的分析实验（包括对颗粒有要求的实验）；二级水用于无机痕量分析等实验；三级水用于一般化学分析实验。

配制标准溶液所用到的水，在没有注明其他要求时，应符合 GB/T 6682—2008 中规定的三级水标准的要求（表 3 - 3）。

表 3 - 3 实验室用水规格

名　称	一级	二级	三级
pH 值范围（25℃）	—	—	5.0～7.5
电导率（25℃），μS/cm	≤0.01	≤0.10	≤5.0
可氧化物质（以 O 计），mg/L	—	≤0.08	≤0.40
蒸发残渣（105℃±2℃），mg/L	—	≤1.0	≤2.0

（二）试剂规格

我国试剂规格按纯度划分为高纯、光谱纯、基准、分光纯、优级纯、分析纯和化学纯等七种。国家和主管部门颁布质量指标所涉及的主要是优级纯、分析纯和化学纯等三种规格（表3-4）。

表3-4　化学试剂规格

名称	级别	代号	标志颜色	应用
优级纯试剂	一级	GR	绿色	纯度最高、杂质含量最低，适用于最精密分析和科研工作
分析纯试剂	二级	AR	红色	纯度略次于优级纯，适用于重要分析及一般研究工作
化学纯试剂	三级	CP	蓝色	纯度与分析纯相差较大，适用于工矿、学校一般分析工作

在环境样品的分析监测中，一级试剂可用于配制标准溶液；二级试剂常用于配制定量分析中的普通试液。通常情况下，未表明规格的试剂均指分析纯（即二级）试剂；三级试剂只能用于配制半定量或定性分析中的普通试液。

配制后的溶液需按规定要求进行放置，待溶液足够稳定后才能进行标定使用，如测定COD$_{cr}$所配制的硫酸亚铁铵溶液每日使用前须用重铬酸钾标准溶液标定；保证制备好的标准溶液的浓度值应在规定浓度值的±5%范围以内。

（三）标准溶液的保管和使用

1. 有一些溶液需避光、低温保存的，应严格按要求装在棕色试剂瓶中，贮存于冷暗处，如试亚铁灵指示液、抗坏血酸溶液、钼酸盐溶液等须贮于棕色瓶中，碱性碘化钾溶液须贮于塑料瓶内避光保存，氢氧化钠溶液须用聚乙烯瓶保存。

2. 标准溶液有一定的保质期。标准溶液在常温（15℃～25℃）下保存时间一般不超过两个月，当溶液出现浑浊、沉淀、颜色变化等现象时，应重新制备。

3. 所有标定好的溶液，应装在洁净的试剂瓶中，严禁放在容量瓶中，试剂瓶上应及时贴上绿色准用标签。标签内容应包括：标准溶液编号、标准溶液名称、溶液物质的量浓度、标定时间、有效日期、标定者（两人）以及配制所依据的标准等内容。

（四）注意事项

1. 称量工作基准试剂的质量的数值小于等于0.5g时，按精确至0.01mg称量；数值大于0.5g时，按精确至0.1mg称量。

2. 在进行标定操作时，滴定速度应控制在6～8ml/min，以减少误差。

3. 标准溶液在标定、直接制备和使用时所用分析天平、滴定管、容量瓶、刻度吸管等须定期进行校正。

4. 在计算过程中要严格按照 GB 8170—87 的规定进行。并在运算过程中保留 5 位有效数字，浓度值报出结果取 4 位有效数字。

七、建议教学时数：4～6 学时

思考题

1. 为什么要做空白实验？

2. 用 COD 表示水中有机物含量有何缺陷？

3. 测定过程中有哪些影响因素，如何消除？

实验四　水中溶解氧的取样与测定（碘量法）

一、实验提要

溶解于水中的分子态氧称为溶解氧（DO）。天然水体的溶解氧含量取决于水体与大气中氧的平衡。溶解氧的饱和含量与空气中氧的分压、大气压力、水温等有密切关系。清洁地表水溶解氧一般接近饱和（当气温为 25℃时，溶解氧约为 8.25mg/L）。当水体受到还原性物质污染时，溶解氧的含量即下降；而有藻类繁殖时，溶解氧呈过饱和。当水体中溶解氧＜3～4mg/L 时，许多鱼类呼吸困难；如果继续减少，则会窒息死亡；规定水体中溶解氧＞4mg/L。因此，水体中溶解氧的变化情况在一定程度上反映了水体受污染的程度。

（一）实验目的

1. 了解测定水体溶解氧的意义。

2. 熟悉溶解氧测定水体的取样方法。

3. 掌握碘量法测定溶解氧的操作技术。

（二）实验原理

测定水体中溶解氧常用碘量法及其修正法、膜电极法和现场快速溶解氧仪法。清洁水样可直接采用碘量法测定。碘量法测定溶解氧的原理：在水样中加入硫酸锰溶液和碱性碘化钾溶液，水中的溶解氧将二价锰氧化成四价锰，并生成氢氧化物沉淀。加酸后，沉淀溶解，四价锰又可氧化碘离子而释放出与溶解氧量相当的游离碘。以淀粉为指示剂，用硫代硫酸钠标准溶液滴定释放出的碘，可计算出溶解氧含量。反应式如下：

$$MnSO_4 + 2NaOH = Na_2SO_4 + Mn(OH)_2 \downarrow$$

$$2Mn(OH)_2 + O_2 = 2MnO(OH)_2 \downarrow（棕色沉淀）$$

$$MnO(OH)_2 + 2H_2SO_4 = Mn(SO_4)_2 + 3H_2O$$

$$Mn(SO_4)_2 + 2KI = MnSO_4 + K_2SO_4 + I_2$$

$$2Na_2S_2O_3 + I_2 = Na_2S_4O_6 + 2NaI$$

若水样中无溶解氧，则所得沉淀为白色 $Mn(OH)_2$，这样无需再测定。

二、仪器、试剂及材料

(一) 仪器

1. 溶解氧瓶 (250ml)，如图 4-1 所示。

2. 酸式滴定管 (50ml)。

3. 锥形瓶 (250ml)。

4. 移液管 (25ml)。

(二) 试剂及材料

1. 硫酸锰溶液：称取 480g 硫酸锰 ($MnSO_4 \cdot 4H_2O$) 或 364g $MnSO_4 \cdot H_2O$ 溶于水，用水稀释至 1000ml。此溶液加至酸化过的碘化钾溶液中，遇淀粉不得产生蓝色。

2. 碱性碘化钾溶液：称取 500g 氢氧化钠溶解于 300～400ml 水中，另称取 150g 碘化钾溶于 200ml 水中，待氢氧化钠溶液冷却后，将两溶液合并，混匀，用水稀释至 1000ml。如有沉淀，则放置过夜后，倾出上清液，贮于棕色瓶中。用橡皮塞塞紧，避光保存。此溶液酸化后，遇淀粉不应呈蓝色。

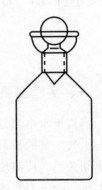

图 4-1　溶解氧瓶

3. 浓硫酸 (比重 1.84g/cm³)。

4. (1+5) 硫酸溶液：取 1 份浓硫酸溶于 5 份水中所得的稀硫酸溶液。

5. 1%淀粉溶液：称取 1g 可溶性淀粉，用少量水调成糊状，再用刚煮沸的水稀释至 100ml。冷却后，加入 0.1g 水杨酸或 0.4g 氯化锌防腐。

6. 0.0250mol/L 重铬酸钾标准溶液：称取于 105℃～110℃烘干 2h 并冷却的重铬酸钾 (优级纯) 7.3548g，溶于水，移入 1000ml 容量瓶中，用水稀释至标线，摇匀。$K_2Cr_2O_7$ 提纯容易，在 140℃～150℃干燥后，可直接称量配制标准溶液。$K_2Cr_2O_7$ 标准溶液非常稳定，可长期保存。

7. 0.025mol/L 硫代硫酸钠溶液：称取 6.2g 五水合硫代硫酸钠 ($Na_2S_2O_3 \cdot 5H_2O$) 溶于煮沸放冷的水中，加入 0.2g 碳酸钠，用水稀释至 1000ml，贮于棕色瓶中。由于固体 $Na_2S_2O_3 \cdot 5H_2O$ 容易风化，且含少量杂质，不能直接配制标准溶液。$Na_2S_2O_3$ 溶液不稳定，易分解，如当水中含 CO_2 时：

$$S_2O_3^{2-} + CO_2 + H_2O \longrightarrow HSO_3^- + HCO_3^- + S$$

所以在使用前必须用 0.0250mol/L 重铬酸钾标准溶液标定。标定方法如下：于 250ml 碘量瓶中加入 100ml 水、1.0g 碘化钾、5.00ml 0.0250mol/L 重铬酸钾标准溶液和 5ml (1+5) 硫酸溶液，密封，摇匀。于暗处静置 5min，然后用待标定的硫代硫酸钠溶液滴定至淡黄色，加入 1ml 1%淀粉溶液，继续滴定至蓝色刚好消失为止，记录硫代硫酸钠溶液的用量。平行做三份。硫代硫酸

钠溶液的浓度（c_1）为

$$c_1 = \frac{6 \times c_2 \times V_2}{V_1} \tag{4-1}$$

式中：c_2——重铬酸钾标准溶液的浓度，mol/L；

　　　V_1——消耗硫代硫酸钠溶液的体积，ml；

　　　V_2——重铬酸钾标准溶液的体积，ml。

三、实验内容

（一）水样的采集与保存

1. 采样

用碘量法测定水中溶解氧，水样的采集最好用专门的溶解氧瓶，容量一般为250～300ml，如没有，可用具磨口塞的细口试剂瓶（250ml）。在采集溶解氧测定水样时，必须十分小心。一般情况下，水中溶解氧是不饱和的，如暴露于空气，就会导致错误的分析结果，因此在采样时要做到：不要和空气相接触、避免搅动、不要引起水样中溶解氧的任何变化。取样中的几种情况：①水管或水龙头采水样时，用橡皮管一端接水龙头，一端深入瓶底，满后任水溢出数分钟，加塞盖紧；②从池中或河湖中取水，用特制的溶解氧取样器，先用水样冲洗溶解氧瓶后，沿瓶壁直接倾注水样或用虹吸法将细管插入溶解氧瓶底部，注入水样至溢流出瓶容积的1/3～1/2。目的是不接触空气。溶解氧最好在现场测定，如无条件，可取样后立即"固定"于水中，回实验室后在6h以内测定，水样保存于暗处。

2. 加药固定

水样采集后，为防止溶解氧的变化，应立即加固定剂于样品中。操作：于采集的水样中（250～300ml），用吸量管插入瓶内液面下，加入1.0ml硫酸锰溶液，后按同法加入2ml碱性碘化钾溶液，盖紧瓶塞，把样瓶颠倒摇动，使其充分混合，此时溶液有沉淀物生成。待沉淀物下降至半途，再颠倒摇动混合一次，静置数分钟，使沉淀物重新下降至瓶底，并存于冷暗处。一般在取样现场固定，同时记录水温和大气压力。

（二）溶解氧的测定步骤

1. 析出碘：轻轻打开瓶塞，立即用吸量管插入液面下加入2.0ml浓硫酸（比重1.84g/cm³）。小心盖好瓶塞，颠倒混合摇匀至沉淀物全部溶解。若溶解不完全，可再加入少量的浓硫酸至溶液澄清，且呈黄色或棕色（因析出游离碘）。暗处静置5min。

2. 滴定：移取100.00ml上述溶液于250ml锥形瓶中，用硫代硫酸钠溶液滴定至溶液呈淡黄色时，加入1%淀粉溶液1ml，继续滴定至蓝色刚好消失，记录硫代硫酸钠溶液的用量。

四、实验数据整理

将实验数据记录于表 4-1 中。

表 4-1 实验结果记录

样品编号	硫代硫酸钠溶液的浓度（mol/L）	滴定样品时消耗硫代硫酸钠溶液的体积（ml）	滴定时取水样溶液的体积（ml）	溶解氧浓度（O_2，mg/L）
1				
2				
3				

用式（4-2）计算水样中溶解氧的质量浓度：

$$溶解氧浓度（O_2，mg/L）= \frac{c \times V \times 8 \times 1000}{100} \qquad (4-2)$$

式中：c——硫代硫酸钠溶液的浓度，mol/L；

V——滴定时消耗硫代硫酸钠溶液的体积，ml；

8——氧（$1/4\ O_2$）的摩尔质量，g/mol；

100——滴定时取水样溶液的体积，ml。

五、实验前应准备的问题

1. 测定溶解氧的原理。

2. 如何快速鉴定水中是否存在溶解氧？

3. 注意事项

（1）水样呈强酸或强碱性时，可用氢氧化钠或盐酸溶液调至中性后测定。

（2）水样中游离氯浓度大于 0.1mg/L 时，应先加入硫代硫酸钠除去。

（3）水样采集后，应加入硫酸锰和碱性碘化钾溶液以固定溶解氧，如水样含有藻类、悬浮物、氧化还原性物质，必须进行预处理。

六、实验技能训练

1. 熟悉溶解氧测定水样的取样方法。

2. 掌握容量分析基本操作技术

（1）滴定：滴定前必须去掉滴定管尖端悬挂的残余液体，读取初读数，立即将滴定管尖端插入锥形瓶口内约 1cm 处，管口放在锥形瓶的左侧，但不要靠瓶壁，左手操纵活塞（或捏玻璃珠的右上方的橡皮管）使滴定液逐渐加入；同时，右手拿住锥形瓶颈，使溶液单方向不断旋转。开始时连续滴加（不超过每分钟10ml），接近终点时，改为每加一滴都要摇匀，最后每加半滴摇匀。用锥形瓶加半滴溶液时，应使悬挂的半滴溶液沿器壁流入瓶内，并用蒸馏水冲洗瓶颈内壁。

（2）读数：对于常量滴定管，读数应读至小数点后第二位。为了减少读数误差，应注意：①滴定管应竖直固定在铁架台上，每次滴定前应将液面调节在"0"刻度或稍下的位置；②视线应与所读的液面处于同一水平面上，读取溶液弯月面最低点处所对应的刻度。

七、建议教学时数：3～4 学时

思考题

1. 取水样时溶解氧瓶内为什么不能含有气泡？

2. 加浓硫酸溶解沉淀时吸量管为什么要插入液面以下？

3. 当碘析出时为什么要把溶解氧瓶放置暗处 5min？

4. 碘量法测定水中溶解氧时，为什么先要滴定至淡黄色再加淀粉溶液？滴到浅黄色后，是否要读数，为什么？

5. 碘量法测水中溶解氧时淀粉指示剂加过量会有什么影响？

实验五　废水中氨氮的测定
纳氏试剂分光光度法

一、实验提要

氨氮（NH_3-N）以游离氨（NH_3）或铵盐（NH_4^+）形式存在于水中，两者的组成比取决于水的 pH 值。当 pH 值偏高时，游离氨的比例较高；反之，则铵盐的比例为高：

$$NH_3 + H_2O \rightleftharpoons NH_3 \cdot H_2O \rightleftharpoons NH_4^+ + OH^-$$

测定水中各种形态的氮化合物，有助于评价水体被污染和"自净"状况。

氨氮的测定方法，通常有纳氏比色法、苯酚-次氯酸盐（或水杨酸-次氯酸盐）比色法和电极法等。纳氏试剂比色法（HJ 535—2009）具有操作简便、灵敏等特点，水中钙、镁和铁等金属离子、硫化物、醛和酮类、颜色以及混浊等均干扰测定，需作相应的预处理。苯酚-次氯酸盐比色法具有灵敏、稳定等优点，干扰情况和消除方法同纳氏试剂比色法。电极法通常不需要对水样进行预处理，测量范围宽。

本实验采用纳氏试剂光度法测定水中氨氮。本法最低检出浓度为 0.025mg/L（光度法），测定上限为 2mg/L。水样作适当的预处理后，本法可适用于地面水、地下水、工业废水和生活污水的测定。

（一）实验目的

1. 了解测定废水中氨氮的水样预处理方法，掌握蒸馏法的原理及技术。

2. 掌握纳氏试剂光度法测定氨氮的原理和方法，掌握标准曲线的测定与绘制方法。

3. 掌握特殊实验用水的制备方法。

（二）实验原理

碘化汞和碘化钾的碱性溶液与氨反应生成淡红棕色胶态化合物，此颜色在较宽的波长范围内强烈吸收。通常测量用波长在 410～425nm 范围内。

$$2K_2[HgI_4]+3KOH+NH_3 \rightleftharpoons [Hg_2O \cdot NH_2]I+2H_2O+7KI$$

黄棕色化合物

二、仪器、试剂及材料

(一) 仪器材料

1. 带氮球的定氮蒸馏装置：500ml 凯氏烧瓶、氮球、直形冷凝管和导管，装置如图 5-1 所示。

2. 分光光度计 721N。

3. 50ml 比色管。

(二) 实验试剂

水样稀释及试剂配制均用无氨水。（无氨水的制作见实验技能训练部分）

1. 1mol/L 盐酸溶液。

2. 1mol/L 氢氧化钠溶液。

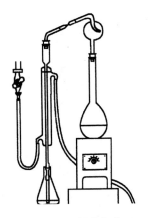

图 5-1　氨氮蒸馏装置

3. 轻质氧化镁（MgO）：将氧化镁在 500℃下加热，以除去碳酸盐。

4. 0.05% 溴百里酚蓝指示液（pH 在 6.0～7.6 之间）。

5. 防沫剂，如石蜡碎片、玻璃珠。

6. 吸收液：① 硼酸溶液：称取 20g 硼酸溶于水，稀释至 1L；② 硫酸（H_2SO_4）溶液：0.01mol/L。

7. 纳氏试剂：可选择下列任一种方法制备：

(1) 称取 20g 碘化钾溶于水中，边搅拌边分次少量加入氯化汞（$HgCl_2$）结晶粉末（约 10g），至出现朱红色沉淀不易溶解时，改为滴加饱和氯化汞溶液，并充分搅拌，当出现微量朱红色沉淀不再溶解时，停止滴加氯化汞溶液。

另称取 60g 氢氧化钾溶于水，并稀释至 250ml，冷却至室温后，将上述溶液在搅拌下，徐徐注入氢氧化钾溶液中，用水稀释至 400ml，混匀。静置过夜，将上清液移入聚乙烯瓶中，密塞保存。

(2) 称取 16g 氢氧化钠，溶于 50ml 水中，充分冷却至室温。

另称取 7g 碘化钾（KI）和 10g 碘化汞（HgI_2）溶于水，然后将此溶液在搅拌下徐徐注入氢氧化钠溶液中，用水稀释至 100ml，贮于聚乙烯瓶中，密塞保存。

8. 酒石酸钾钠溶液：称取 50g 酒石酸钾钠（$KNaC_4H_4O_6 \cdot 4H_2O$）溶于 100ml 水中，加热煮沸以除去氨，放冷，定容至 100ml。

9. 铵标准贮备溶液：称取 3.819g 经 100℃ 干燥过的优级纯氯化铵（NH₄Cl）溶于水中，移入 1000ml 容量瓶中，稀释至标线。此溶液每毫升含 1.00mg 氨氮。

10. 铵标准使用溶液：取 5.00ml 上述铵标准贮备液于 500ml 容量瓶中，用水稀释至标线。此溶液每毫升含 0.010mg 氨氮。

三、实验内容

（一）水样采集

1. 水样采集在聚乙烯瓶或玻璃瓶内，并应尽快分析，必要时可加硫酸将水样酸化至 pH<2，于 2℃～5℃ 下存放。酸化样品应注意防止吸收空气中的氨而招致污染。

2. 水样预处理

水样带色或浑浊以及含其他一些干扰物质，影响氨氮的测定。在分析时需作适当的预处理。对较清洁的水，可采用絮凝沉淀法，对污染严重的水或工业废水，则以蒸馏法使之消除干扰。

蒸馏法预处理水样：调节水样的 pH 在 6.0～7.4 的范围内，加入适量氧化镁使呈微碱性，蒸馏释出的氨，被吸收于硫酸或硼酸溶液中。采用纳氏比色法或酸滴定法时，以硼酸溶液为吸收液；采用水杨酸-次氯酸比色法时，则以硫酸溶液为吸收液。

（二）实验步骤

1. 水样预处理

分取 250ml 水样（如氨氮含量较高，可分取适量并加水至 250ml，使氨氮含量不超过 2.5mg），移入凯氏烧瓶中加数滴溴百里酚蓝指示液，用氢氧化钠溶液或盐酸调节至 pH＝7 左右（水样溶液变蓝）。加入 0.25g 轻质氧化镁和数粒玻璃珠，立即连接氮球和冷凝管，导管下端插入吸收液液面下。加热蒸馏，蒸馏速度应控制在 6～8ml/min，至馏出液达 200ml 时，停止蒸馏。定容至 250ml。（采用酸滴定法或纳氏比色法时，以 50ml 硼酸溶液为吸收液；采用水杨酸-次氯酸盐比色法时，改用 50ml 0.01mol/L 硫酸溶液为吸收液。）

注意事项：蒸馏时应避免发生暴沸，否则可造成馏出液温度升高，氨吸收不完全；防止在蒸馏时产生泡沫，必要时可加少许石蜡碎片于凯氏烧瓶；如含余氯，则应加入适量 0.35% 硫代硫酸钠溶液，每 0.5ml 可除去 0.25mg 余氯。

2. 标准曲线的绘制

吸取 0.00ml、0.50ml、1.00ml、3.00ml、5.00ml、7.00ml 和 10.0ml 铵标准使用液于 50ml 比色管中加无氨水至标线，加 1.0ml 酒石酸钾钠溶液，混匀。

加 1.5ml 纳氏试剂，混匀。放置 10min 后，在波长 420nm 处，用光程 20mm 比色皿，以水为参比，测量吸光度。

由测得的吸光度，减去零浓度空白管的吸光度后，得到校正吸光度，绘制以氨氮含量（mg）对校正吸光度的标准曲线。

3. 水样的测定

分取适量（使氨氮含量不超过 0.1mg）经蒸馏预处理后的馏出液，加入50ml 比色管中，加一定量 1mol/L 氢氧化钠溶液以中和硼酸，稀释至标线。加 1.0ml 酒石酸钾钠溶液，混匀，加 1.5ml 纳氏试剂，混匀。放置 10min 后，同校准曲线步骤测量吸光度。

4. 空白实验

以无氨水代替水样，作全程序空白测定。

四、实验数据整理

（一）标准系列数据结果

表 5-1　标准曲线测定结果

比色管序号	1	2	3	4	5	6	7
铵标液量（ml）	0	0.50	1.00	3.00	5.00	7.00	10.00
氨氮含量（mg）							
吸光度							
校正吸光度							
回归方程				相关系数 r			

以氨氮含量为横坐标，校正吸光度为纵坐标绘制校准曲线。在 Excel 中，经图表绘图处理，求得线性回归方程并得到校准曲线的相关系数、截距和斜率，应符合标准方法中规定的要求，一般情况相关系数（r）应 ≥0.999。

（二）水样测定结果计算

由水样测得的吸光度减去空白实验的吸光度后，从标准曲线上查得氨氮含量（mg）或用线性回归方程计算得到氨氮含量（mg）后按式（5-1）计算：

$$氨氮（N，mg/L）=\frac{m}{V}\times 1000 \qquad (5-1)$$

式中：m——由校准曲线查得的氨氮量，mg；

　　　V——预处理后比色时所取水样体积，ml。

五、实验前应准备的问题

1. 纳氏试剂中碘化汞与碘化钾的比例，对显色反应的灵敏度有较大影响。静置后生成的沉淀应除去；配制纳氏试剂时，氢氧化钠（或氢氧化钾）溶液一定要充分冷却到室温，两液合并时注入速度一定要慢。

2. 氨氮蒸馏结束前 2~3min，要把冷凝管的导管移离吸收瓶液面，再蒸馏片刻以洗净冷凝管和导管。

3. 滤纸中常含痕量铵盐，使用时注意用无氨水洗涤。所用玻璃器皿应避免实验室空气中氨的沾污。

六、实验技能训练——特殊实验用水的制备

（一）无氨水的制备方法

1. 蒸馏法：每升蒸馏水中加 0.1ml 硫酸，在全玻璃蒸馏器中重蒸馏，弃去 50ml 初馏液，接取其余馏出液于具塞磨口的玻璃瓶中，密塞保存。

2. 离子交换法：使蒸馏水通过强酸性阳离子交换树脂柱。

（二）无亚硝酸盐水的制备

于蒸馏水中加入少许高锰酸钾晶体，使呈红色，再加氢氧化钡（或氢氧化钙）使呈碱性。置于全玻璃蒸馏器中蒸馏，弃去 50ml 初馏液，收集中间约 70% 不含锰的馏出液。亦可于每升蒸馏水中加 1ml 浓硫酸和 0.2ml 硫酸锰溶液（每 100ml 水中含 36.4g $MnSO_4 \cdot H_2O$），加入 1~3ml 0.04% 高锰酸钾溶液至呈红色，重蒸馏。

（三）无铅水的制备

将蒸馏水通过氢型强酸性阳离子交换树脂处理后即可。注意预先将储水容器用（1+1）硝酸溶液浸泡过夜后用无铅水洗净。

（四）无二氧化碳水

1. 煮沸法：将蒸馏水或去离子水煮沸至少 10min（水多时），或使水量蒸发 10% 以上（水少时），加盖放冷即可。

2. 曝气法：用惰性气体或纯氮通入蒸馏水或去离子水至饱和即得。制得的无二氧化碳水应贮于具碱石灰管的、用橡皮塞塞严的瓶中。

七、建议教学时数：4 学时

思考题

1. 水样预蒸馏结束前，为什么要将导管离开液面之后，再停止加热？

2. 水样中如有余氯对氨氮测定有何影响，如何消除？

3. 水样预蒸馏时溶液的 pH 值高低对测定结果有何影响？

实验六　水中总有机碳（TOC）的测定

一、实验提要

总有机碳（TOC）是以碳的含量表示水体中有机物质总量的综合指标。由于 TOC 的测定采用燃烧法，因此能将有机物全部氧化，它比 BOD_5 或 COD 更能反映有机物的总量，且干扰少，精密度和准确度高，已成为世界许多国家水处理和质量控制的主要手段。目前我国在《污水综合排放标准》（GB 89782—1996）中规定了 TOC 的排放限值（表 6-1）。TOC 通常采用燃烧氧化-非色散红外吸收法，该方法最低检出浓度为 0.5mg/L。

表 6-1　《污水综合排放标准》（GB 89782—1996）中 TOC 限值

（单位：mg/L）

污染物	适用范围	一级标准	二级标准	三级标准
总有机碳 （TOC）	合成脂肪酸工业	20	40	—
	苎麻脱胶工业	20	60	—
	其他排污单位	20	30	—

（一）实验目的

1. 知道 TOC 指标的环境意义。

2. 了解 TOC 仪测定原理。

3. 掌握 TOC 仪测定总有机碳的方法。

（二）实验原理

在专用催化剂的情况下，通过热催化高温氧化反应进行消解反应，将水中非常稳定、复杂的含碳或氮的化合物在一定数量上被消解。产生的 CO_2 气体通过 NDIR（非散射红外检测器）测定总碳（TC），另外将水样注入含酸的 TIC 反应器，产生的 CO_2 气体利用 NDIR 检测器测定无机碳（TIC）。总碳（TC）和无机碳（TIC）之差即为总有机碳（TOC）。MultiN/C2100TOC/TN 分析仪工作原理如图 6-1 所示。

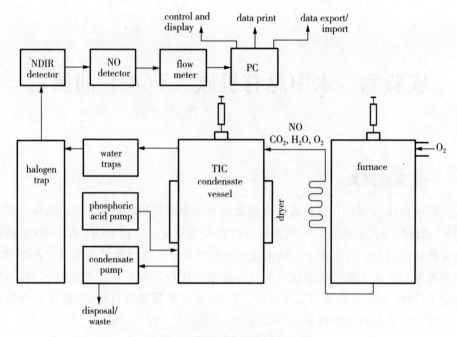

图 6-1 TOC 分析仪工作原理图

(1) R（含碳的物质）$+O_2 \longrightarrow CO_2 + H_2O$

(2) $R-N + O_2 \longrightarrow NO + CO_2 + H_2O$

(3) $R-Cl + O_2 \longrightarrow HCl + CO_2 + H_2O$

二、仪器、试剂及材料

(一) 仪器

MultiN/C2100TOC/TN 仪，如图 6-2 所示。

(二) 试剂及材料

1. 超纯水，经检验 TOC 浓度不超过 0.5mg/L。

2. 邻苯二甲酸氢钾：优级纯。

3. 无水碳酸钠：优级纯。

4. 碳酸氢钠：优级纯。

5. 有机碳标准贮备液（400mg/L）：准确称取预先在 120℃烘干 2h 的邻苯二甲酸氢钾 0.8502g，置于烧杯中，加水溶解后，定容至 1000ml 容量瓶中，混匀，在 4℃条件下可保存两个月。

6. 无机碳标准贮备液（400mg/L）：准确称取预先在 120℃烘干 2h 的无水碳酸钠 1.7634g 和碳酸氢钠 1.4000g，置于烧杯中，加水溶解后，定容至 1000ml 容量瓶中，混匀，在 4℃条件下可保存两周。

图 6-2　MultiN/C2100TOC/TN 仪

7. 标准使用液（TC＝200mg/L，TIC＝100mg/L）：用单标线吸量管分别吸取 50.00ml 有机碳标准贮备液和无机碳标准贮备液于 200ml 容量瓶中，用水稀释至标线，混匀，在 4℃条件下可保存一周。

8. 载气：氮气或氧气，纯度大于 99.99％。

三、实验内容

（一）水样采集与保存

水样应采集在棕色玻璃瓶中并应充满采样瓶，不留顶空。采集的水样应在 24h 内测定，否则应加入浓硫酸，将水样酸化至 pH≤2，在 4℃条件下可保存 7d。

（二）仪器的调试

按说明书调试 TOC 测定仪，设定测试条件参数（如灵敏度、测量范围、进样量及载气流量等）。

（三）校准曲线制作

1. 在一组 7 个 100ml 容量瓶中，分别加入 0.00ml、2.00ml、5.00ml、10.00ml、20.00ml、40.00ml、100.00ml 标准使用液，用水稀释至标线，混匀，配制成 TC 浓度为 0.0mg/L、4.0mg/L、10.0mg/L、20.0mg/L、40.0mg/L、80.0mg/L、200.0mg/L 和 TIC 浓度为 0.0mg/L、2.0mg/L、5.0mg/L、10.0mg/L、20.0mg/L、40.0mg/L、100.0mg/L 的标准系列溶液。

2. 编辑校准曲线的标准样品份数（4 个以上），输入标准液浓度（mg/L）。按步骤测定其响应值，分别绘制总碳和无机碳标准曲线，同时显示 k 值和 R^2 值。

（四）样品测定

1. 干扰消除：水中常见共存离子超过下列含量时，对测定有干扰，应作适当的预处理，以消除对测定的影响：SO_4^{2-}：400mg/L；Cl^-：400mg/L；NO_3^-：

100mg/L；PO_4^{3-}：100mg/L；S^{2-}：100mg/L。可用超纯水稀释水样至干扰离子低于上述浓度后再进行测定。

2. 水样测定：经酸化的水样，在测定前应以氢氧化钠溶液中和至中性，用微量进样针取一定体积混匀的试样，依次注入总碳燃烧管和无机碳反应管进行测定，记录相应的响应值。

3. 空白实验：用超纯水代替试样，按照样品步骤测定其响应值，每次实验前应先检测超纯水 TOC 含量，测定值应不超过 0.5mg/L。

四、实验数据整理

根据所测试样响应值，由校准曲线计算出总碳和无机碳浓度。总碳（TC）和无机碳（TIC）浓度之差即为总有机碳（TOC）质量浓度，将实验数据记录于表 6-2 中。

表 6-2　实验数据记录表

采样时间：　　　　　　　测试时间：　　　　　　　　　　测试人：

水样编号	进样体积 V（uL）	TC（mg/L）	TIC（mg/L）	TOC（mg/L）

五、实验前应准备的问题

1. 当采用注射器手动进样时，每次注射时尽量将注射针对准 TC 进样垫十字切口中心位置。

2. 注射针每次插入后，等 30s 后才能将注射器拔出来。

3. 每次测试完毕后，应进几针空白液，待仪器指示稳定后，再退出软件，关闭仪器。

4. 高盐量的样品应稀释再进样。

5. 应定期更换高温燃烧管中的催化剂。

六、实验技能训练——MultiN/C2100TOC/TN 仪的使用

1. 仪器开机及参数设定

（1）打开氧气瓶总阀，调整氧气减压阀的分压阀至 0.2MPa～0.4MPa。

（2）打开主机电源及计算机电源。

（3）待主机 5V、24V 指示灯变绿后，打开软件。

（4）输入软件口令（Admin），然后点击 OK。

（5）调节针型阀（Main）使 MFM1 的流量在 160±10。选择方法 Measurement，并选择测量参数（如 NPOC、TN）、测量次数、测试精度要求（如 2%）、进样体积（如 300uL）、积分时间等，具体情况如图 6-3 所示。

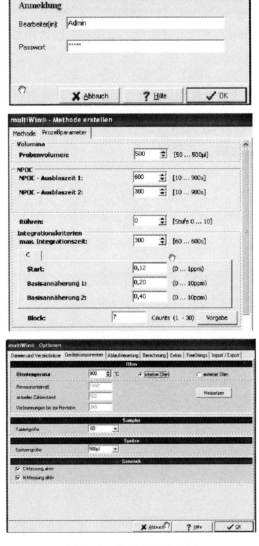

图 6-3　仪器参数设置图

2. 载入已存方法

装载已存方法，已存方法中已包含校准曲线，可用一点标准样品来检验校准曲线是否满足测试要求（校准曲线是否漂移），如果校准曲线满足测试要求，可直接测试样品，否则需重新制作校准曲线。

3. 校准曲线的制作

编辑校准曲线的标准样品份数（4 个以上），输入标准液浓度（mg/L）。按菜单显示确认后开始自动测量。校准曲线做好后，仪器将自动弹出校准曲线表，通过选择标准样品点数来制作校准曲线。

4. 测量样品

选择 Measurement，点击下拉菜单启动测量，输入样品表及样品名称，点击开始，仪器将自动测试样品。

5. 关机

样品测量完成后，退出软件，关闭主机电源及计算机电源，将氧气瓶总阀关闭，松开氧气瓶分压阀。

七、建议教学时数：3 学时

思考题

1. TOC 和化学需氧量在应用上和测定方法上有何区别？二者在数量上有何关系？

2. 在测量低 TOC 的样品时，是否要考虑磷酸中（TIC、TOC）的空白值？

实验七　水中总氮、硝酸盐氮和
亚硝酸盐氮的测定

一、实验提要

从环境角度出发，人们对水和废水中关注的几种形态的氮是氨氮、亚硝酸盐氮、硝酸盐氮、有机氮和总氮。前四种形式的氮之间通过生物化学作用可以相互转化。测定各种形态的含氮化合物有助于评价水体被污染和自净状况。

水中的硝酸盐是在有氧环境下，亚硝酸盐氮、氨氮等各种形态的含氮化合物中最稳定的氮化合物，亦是含氮有机物经无机化作用最终的分解产物。

亚硝酸盐（NO_2-N）是氮循环的中间产物，不稳定。根据水环境条件，可被氧化成硝酸盐，也可被还原成氨。硝酸盐在无氧环境中，亦可受微生物的作用而还原为亚硝酸盐。亚硝酸盐可与仲胺类反应生成具致癌性的亚硝胺类物质，在pH值较低的酸性条件下，有利于亚硝胺类的形成。人体摄入硝酸盐后，经肠道中微生物作用转变成亚硝酸盐而出现毒性作用。

湖泊、水库等地表水中含有超标的氮、磷类物质时造成浮游植物繁殖旺盛，出现富营养化状态。因此，总氮是衡量水质的重要指标之一。

水中亚硝酸盐的测定方法通常采用重氮-偶联反应，生成红紫色染料。目前国内外还普遍使用离子色谱法和新开发的气相分子吸收法。

水中硝酸盐有多种测定方法，常用的有酚二磺酸光度法、镉柱还原法、戴氏合金还原法、离子色谱法、紫外分光光度法和电极法等。

总氮测定方法通常采用过硫酸钾氧化，使有机氮和无机氮化合物转变为硝酸盐后，再以紫外法、偶氮比色法以及离子色谱法或气相分子吸收法进行测定。

本实验中学习应用 N -（1-萘基）-乙二胺光度法测定水中亚硝酸盐（GB 7493—87）、紫外分光光度法测定水中硝酸盐（HJ/T 346—2007）和碱性过硫酸钾消解紫外分光光度法测定总氮（GB/T 11894—89）。

（一）实验目的

1. 了解水中氮的不同存在形态，掌握多种形态氮的测定方法和原理。

2. 掌握紫外分光光度计的使用方法。

(二) 实验原理

1. 亚硝酸盐氮的测定——N-(1-萘基)-乙二胺光度法

在磷酸介质中,pH 值为 1.8±0.3 时,亚硝酸盐与对-氨基苯磺酰胺反应,生成重氮盐,再与 N-(1-萘基)-乙二胺偶联生成红色染料。在 540nm 波长处有最大吸收。

该方法适用于饮用水、地表水、地下水、生活污水和工业废水中亚硝酸盐的测定。测定范围为 0.003～0.20mg/L 亚硝酸盐氮。

2. 硝酸盐氮的测定——紫外分光光度法

硝酸根离子在紫外区有强烈吸收,利用硝酸根离子在 220nm 波长处的吸收而定量测定硝酸盐氮。溶解的有机物在 220nm 处也会有吸收,而硝酸根离子在 275nm 处没有吸收。因此,在 275nm 处作另一次测量,以校正硝酸盐氮值。

溶解的有机物、表面活性剂、亚硝酸盐、六价铬、溴化物、碳酸氢盐和碳酸盐等干扰测定,需进行适当的预处理。本法采用絮凝共沉淀和大孔中性吸附树脂进行处理,以排除水样中大部分常见有机物、浊度和 Fe^{3+}、Cr^{6+} 等对测定的干扰。

该方法适用于清洁地表水和未受明显污染的地下水中硝酸盐氮的测定,测定范围为 0.08～4mg/L 硝酸盐氮。

3. 总氮的测定——碱性过硫酸钾消解紫外分光光度法

在 60℃ 以上的水溶液中,过硫酸钾可分解产生硫酸氢钾和原子态氧,硫酸氢钾在溶液中离解而产生氢离子,在氢氧化钠的碱性介质中可促使分解过程趋于完全。

$$K_2S_2O_8 + H_2O \longrightarrow 2KHSO_4 + \frac{1}{2}O_2$$

$$KHSO_4 \longrightarrow K^+ + HSO_4^-$$

$$HSO_4^- \longrightarrow H^+ + SO_4^{2-}$$

在 120℃～124℃ 的碱性介质条件下,用过硫酸钾作氧化剂,不仅可将水样中的氨氮和亚硝酸盐氮氧化为硝酸盐,同时将水样中大部分有机氮化合物氧化为硝酸盐。并且在此过程中有机物同时被氧化分解。因此消解处理后,可用紫外分光光度法分别于波长 220nm 与 275nm 处测其吸光度,按 $A = A_{220} - 2A_{275}$ 计算硝酸盐氮的吸光度值,从而计算氮的含量。

该方法所测定的总氮包括水中亚硝酸盐氮、硝酸盐氮、无机铵盐、溶解态氮及大部分有机含氮化合物中氮的总和。测定范围为 0.05～4mg/L 氮。方法的摩尔吸光系数为 $1.47 \times 10^3 L/(mol \cdot cm)$。

二、仪器、试剂及材料

（一）仪器材料

1. 紫外可见分光光度计。

2. 压力蒸汽消毒器或民用压力锅，压力为 $1.1\sim1.3 kg/cm^2$，相应温度为 $120℃\sim124℃$。

3. 离子交换柱（图 7-1）。

4. 25ml（有 10ml 标线）、50ml 具塞玻璃磨口比色管。

（二）试剂

试剂要求用不含氨和亚硝酸盐的重蒸水配制。

1. 氢氧化铝悬浮液（制备方法见"实验技能训练"）。

2. 10%硫酸锌溶液：称取 10g 分析纯硫酸锌溶于 100ml 无氨水中。

3. 5mol/L 氢氧化钠溶液。

4. 大孔径中性树脂：CAD—40 或 XAD—2 型及类似性能的树脂。

5. 甲醇：分析纯。

6. 盐酸（优级纯）：（1+9）盐酸溶液、1mol/L 盐酸溶液。

7. 碱性过硫酸钾溶液：称取 40g 过硫酸钾（$K_2S_2O_8$）、15g 氢氧化钠，溶于无氨水中，稀释至 1000ml。溶液存放在聚乙烯瓶内，可贮存一周。

8. 0.8%氨基磺酸溶液：避光保存于冰箱中。

9. 硝酸钾标准溶液

（1）硝酸钾标准贮备液：称取 0.7218g 经 105℃～110℃烘干 4h 的优级纯硝酸钾（KNO_3）溶于无氨水中，移至 1000ml 容量瓶中，定容。此溶液每毫升含 $100\mu g$ 硝酸盐氮。加入 2ml 三氯甲烷为保护剂，至少可稳定 6 个月。

（2）硝酸钾标准使用液：将贮备液用无氨纯水稀释 10 倍而得。此溶液每毫升含 $10\mu g$ 硝酸盐氮，使用时配制。

10. 磷酸 $\rho=1.70 g/ml$，（1+9）磷酸溶液（1.5mol/L）。

11. 显色剂：于 500ml 烧杯内，加入 250ml 水和 50ml 磷酸，加入 20.0g 对-氨基苯磺酰胺，再将 1.00g N-（1-萘基）-乙二胺二盐酸盐（$C_{10}H_7NHC_2H_4NH_2 \cdot 2HCl$）溶于上述溶液中，转移至 500ml 容量瓶中，用水稀释至标线，

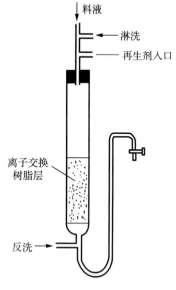

料液

淋洗

再生剂入口

离子交换
树脂层

反洗

图 7-1 离子交换柱

混匀。

此溶液贮于棕色瓶中,保存在 2℃~5℃,至少可稳定一个月。

注意:本试剂有毒性,避免与皮肤接触或摄入体内。

12. 亚硝酸盐氮标准溶液

(1) 贮备液:称取 1.232g 亚硝酸钠(NaNO₂)溶于 150ml 水中,转移至 1000ml 容量瓶中,用水稀释至标线。每毫升含约 0.25mg 亚硝酸盐氮。

本溶液贮于棕色瓶中,加入 1ml 三氯甲烷,保存在 2℃~5℃,至少稳定一个月。贮备液的标定如下:在 300ml 具塞锥形瓶中,加入 50.00ml 0.050mol/L 的高锰酸钾标准溶液、5ml 浓硫酸,用 50ml 无分度吸管,使下端插入高锰酸钾溶液液面下,加入 50.00ml 亚硝酸钠标准贮备液,轻轻摇匀。置于水浴上加热至 70℃~80℃,按每次 10.00ml 的量加入足够的草酸钠标准液(0.0500mol/L),使红色褪去并过量,记录草酸钠标准溶液用量(V_2)。然后用高锰酸钾标准溶液滴定过量草酸钠至溶液呈微红色,记录高锰酸钾标准溶液总用量(V_1)。

再以 50ml 重蒸水代替亚硝酸盐氮标准贮备液,如上操作,用草酸钠标准溶液标定高锰酸钾溶液的浓度(c_1)。按式(7-1)计算高锰酸钾标准溶液浓度:

$$c_1 \ (1/5\mathrm{KMnO_4}) = \frac{0.0500 \times V_4}{V_3} \tag{7-1}$$

按式(7-2)计算亚硝酸盐氮标准贮备液的浓度:

$$亚硝酸盐氮(\mathrm{N, mg/L}) = \frac{(V_1 c_1 - 0.0500 \times V_2) \times 7.00 \times 1000}{50.00}$$

$$= 140 V_1 c_1 - 7.00 \times V_2 \tag{7-2}$$

式中:c_1——经标定的高锰酸钾标准溶液的浓度,mol/L;

V_1——滴定亚硝酸盐氮标准贮备液时,消耗高锰酸钾标准溶液总量,ml;

V_2——滴定亚硝酸盐氮标准贮备液时,加入草酸钠标准溶液量,ml;

V_3——滴定空白溶液时,消耗高锰酸钾标准溶液总量,ml;

V_4——滴定空白溶液时,加入草酸钠标准溶液总量,ml;

7.00——亚硝酸盐氮(1/2N)的摩尔质量,g/mol;

50.00——亚硝酸盐标准贮备液取用量,ml;

0.0500——草酸钠标准溶液浓度,$1/2\mathrm{Na_2C_2O_4}$,mol/L。

(2) 亚硝酸盐氮标准中间液:分取 50.00ml 亚硝酸盐标准贮备液(使含 12.5mg 亚硝酸盐氮),置于 250ml 容量瓶中,用水稀释至标线。此溶液每毫升含 50.0μg 亚硝酸盐氮。

中间液贮于棕色瓶内,保存在 2℃~5℃,可稳定一周。

（2）亚硝酸盐氮标准使用液：取 10.00ml 亚硝酸盐标准中间液，置于 500ml 容量瓶中，用水稀释至标线。每毫升含 1.00μg 亚硝酸盐氮。此溶液使用时，当天配制。

13. 高锰酸钾标准溶液 $[c(1/5KMnO_4)=0.050mol/L]$：溶解 1.6g 高锰酸钾于 1200ml 水中，煮沸 0.5～1h，使体积减少到 1000ml 左右，放置过夜。用 G—3 号玻璃砂芯滤器过滤后，滤液贮存于棕色试剂瓶中避光保存，按上述方法标定。

14. 草酸钠标准溶液 $[c(1/2Na_2C_2O_4)=0.0500mol/L]$：溶解经 105℃ 烘干 2h 的优级纯无水草酸钠 3.350g 于 750ml 水中，移入 1000ml 容量瓶中，稀释至标线。

三、实验内容

(一) 亚硝酸盐氮的测定

实验用水采用无亚硝酸盐的二次蒸馏水。

亚硝酸盐氮是氮循环的中间产物，不稳定，采样后的水样应尽快分析。

1. 校准曲线的绘制

在一组 6 支 50ml 比色管中，分别加入 0.00ml、1.00ml、3.00ml、5.00ml、7.00ml 和 10.0ml 亚硝酸盐氮标准使用液，用水稀释至标线。加入 1.0ml 显色剂，密塞，混匀。静置 20min 后，在 2h 以内，于波长 540nm 处，用光程长 10mm 的比色皿，以水为参比，测量吸光度。从测得的吸光度，减去零浓度空白管的吸光度后，获得校正吸光度 A_r，绘制以氮含量（μg）对校正吸光度的校准曲线。

2. 水样的测定

（1）水样预处理

当水样 pH≥11 时，可加入 1 滴酚酞指示液，边搅拌边逐滴加入（1+9）磷酸溶液至红色刚消失。

水样如有颜色和悬浮物，可向每 100ml 水中加入 2ml 氢氧化铝悬浮液，搅拌、静置、过滤，弃去 25ml 初滤液。

（2）水样测定

分取经预处理的水样于 50ml 比色管中（如含量较高，则分取适量，用水稀释至标线），加 1.0ml 显色剂，然后按校准曲线绘制的相同步骤操作，测量吸光度 A_s。

（3）空白实验

用无亚硝酸盐的重蒸水代替水样，按水样测定相同步骤进行测定吸光度 A_b。

（4）色度校正

如果水样经预处理后还具有颜色，按水样测定方法取同体积的水样不加显色剂而改加 1.0ml（1+9）磷酸溶液，测定吸光度 A_c。

（5）计算

水样的校正吸光度 $A_r = A_s - A_b - A_c$，由 A_r 值从校准曲线上查得亚硝酸盐氮量 m（μg）。

水样亚硝酸盐氮的浓度按式（7-3）计算：

$$亚硝酸盐氮（N，mg/L）= \frac{m}{V} \tag{7-3}$$

式中：m——由水样测得的校正吸光度，从校准曲线上查得相应的亚硝酸盐的含量，μg；

V——水样的体积，ml。

（二）硝酸盐氮的测定

1. 校准曲线的绘制

于 7 支 50ml 比色管中分别加入 0.00ml、1.00ml、2.00ml、4.00ml、6.00ml、8.00ml、10.00ml 硝酸盐氮标准使用液，用新鲜去离子水稀释至标线，其浓度分别为 0.00μg/ml、0.20μg/ml、0.40μg/ml、0.80μg/ml、1.20μg/ml、1.60μg/ml、2.00μg/ml 硝酸盐氮，加入 1.0ml（1+9）盐酸溶液、0.1ml 氨基磺酸溶液（是否添加与水样测定一致），用光程 10mm 石英比色皿，在 220nm 和 275nm 波长处分别测定吸光度后，分别求出标准系列的校正吸光度 A_s 和零浓度的校正吸光度 A_b 及其差值 A_r。

$$A_s = A_{s220} - 2A_{s275}$$

$$A_b = A_{b220} - 2A_{b275}$$

$$A_r = A_s - 2A_b$$

式中：A_{s220}——标准溶液在 220nm 波长的吸光度；

A_{s275}——标准溶液在 275nm 波长的吸光度；

A_{b220}——零浓度溶液在 220nm 波长的吸光度；

A_{b275}——零浓度溶液在 275nm 波长的吸光度。

按 A_r 值与相应的硝酸盐氮含量（μg）绘制校准曲线。

2. 水样预处理

（1）首先了解水受污染程度和变化情况，先对水样进行紫外吸收光谱分布曲线的扫描，如无扫描装置时，可用手动在 220~280nm，每隔 2~5nm 测量吸光度，绘制波长-吸光度曲线。水样与近似浓度的标准溶液分布曲线应类似，且在

220nm 与 275nm 附近不应有肩状或折线出现。

参考吸光度比值（A_{275}/A_{220}）×100% 应小于 20%，越小越好。超过时应予以鉴别。

水样经上述方法适用情况检验后，符合要求时，可不经预处理，直接取 50ml 水样于比色管中，加盐酸和氨基磺酸溶液后，进行吸光度测量。

如经絮凝后水样能达到上述要求，则也可只进行絮凝预处理，省略树脂吸附操作。

（2）需预处理水样时，量取 200ml 水样置于锥形瓶或烧杯中，加入 2ml 硫酸锌溶液，在搅拌下滴加氢氧化钠溶液，调至 pH=7（或将 200ml 水样调至 pH=7 后，加 4ml 氢氧化铝悬浮液），待絮凝胶团下沉后（或经离心分离），吸取 100ml 上清液分两次洗涤吸附树脂柱，以每秒 1 至 2 滴的流速流出（注意各个样品间流速保持一致）。弃去。再继续使水样上清液通过柱子，收集 50ml 于比色管中，备测待用。树脂用 150ml 水分三次洗涤，备用。

注：树脂吸附容量较大，可处理 50～100 个地表水水样（视有机物含量而定）。使用多次后，可用未接触过橡胶制品的新鲜去离子水作参比，在 220nm 和 275nm 波长处检验，测得的吸光度应接近零。超过仪器允许误差时，需以甲醇再生。

3. 水样测定

将 1.0ml（1+9）盐酸溶液、0.1ml 氨基磺酸溶液加入装有预处理后水样的比色管中（如亚硝酸盐氮低于 0.1mg/L 时，不加氨基磺酸溶液）混匀。用光程 10mm 石英比色皿，在 220nm 和 275nm 波长处，以经过树脂吸附的新鲜去离子水 50ml 加 1ml 盐酸溶液为参比，测量吸光度。

4. 结果计算

$$A_校 = A_{220} - 2A_{275}$$

式中：A_{220}——220nm 波长测得水样的吸光度；

　　　A_{275}——275nm 波长测得水样的吸光度。

求得水样吸光度的校正值（$A_校$）以后，从校准曲线中查得相应的硝酸盐氮量，即为水样测定结果（mg/L）。水样若经稀释后测定，则结果应乘以稀释倍数。

注意事项：

① 含有有机物的水样，而且硝酸盐含量较高时，必须先进行预处理后再稀释。

② 大孔中性吸附树脂对环状、空间结构大的有机物吸附能力强；对低碳链、有较强极性和亲水性的有机物吸附能力差。

③ 当水样存在六价铬时，絮凝剂应采用氢氧化铝，并放置 0.5h 以上再取上清液供测定用。

(三) 总氮的测定

水样采集后，用硫酸酸化到 pH<2，在 24h 内进行测定。

1. 校准曲线的绘制

（1）分别吸取 0.00ml、0.50ml、1.00ml、2.00ml、3.00ml、5.00ml、7.00ml、8.00ml 硝酸钾标准使用溶液于 25ml 比色管中，用无氨水稀释至 10ml 标线。

（2）加入 5ml 碱性过硫酸钾溶液，塞紧磨口塞，用纱布及线绳裹紧管塞，以防迸溅出。

（3）将比色管置于压力蒸汽消毒器中，加热并打开放气阀，待冷空气排净，温度达 100℃时关闭放气阀，升温至 120℃～124℃开始计时（或将比色管置于民用压力锅中，加热至顶压阀吹气开始计时），使比色管在过热水蒸气中加热 0.5h。

（4）自然冷却，开阀放气，移去外盖，取出比色管并冷至室温。

（5）加入 (1+9) 盐酸 1ml，用无氨水稀释至 25ml 标线。

（6）在紫外分光光度计上，以无氨水作参比，用 10mm 石英比色皿分别在 220nm 及 275nm 波长处测定吸光度。$A_{校}=A_{220}-2A_{275}$，用校正的吸光度绘制校准曲线。

2. 水样的测定

取 10ml 水样，或取适量水样（使氮含量为 20～80μg）。按校准曲线绘制步骤（2）至（6）操作。然后按校正吸光度，在校准曲线上查出相应的含氮量 m，再用式（7-4）计算总氮含量。

$$总氮（mg/L）=\frac{m}{V} \tag{7-4}$$

式中：m——从校准曲线上查得的含氮量，μg；

V——所取水样体积，ml。

注意事项：

① 参考吸光度比值 $A_{275}/A_{220}\times100\%$ 大于 20% 时，应予鉴别（方法参见紫外分光光度法测定硝酸盐氮中的相关内容）。

② 玻璃具塞比色管的密合性应良好。使用压力蒸汽消毒器时，冷却后放气要缓慢；使用民用压力锅时，要充分冷却方可揭开锅盖，以免比色管塞蹦出。

③ 所使用的玻璃器皿可用 10% 盐酸浸洗，用蒸馏水冲洗后再用无氨水冲洗。

④ 使用高压蒸汽消毒器时，应定期校核压力表；使用民用压力锅时，应检

查橡胶密封圈，使不致漏气而减压。

⑤ 测定悬浮物较多的水样时，在过硫酸钾氧化后可能出现沉淀。遇此情况，可吸取氧化后的上清液进行紫外分光光度法测定。

四、实验数据整理

1. 将硝酸盐氮校准曲线数据及计算结果记录于表 7-1 中。

表 7-1 硝酸盐氮校准曲线数据及计算结果

管号	0	1	2	3	4	5	6
硝酸盐氮标液体积（ml）	0.00	1.00	2.00	4.00	6.00	8.00	10.00
硝酸盐氮含量（μg/ml）	0	0.2	0.4	0.8	1.20	1.60	2.00
220nm 吸光度							
275nm 吸光度							
A_s	—						
A_b		—	—	—	—	—	—
A_r							
回归方程				相关系数			

2. 水样硝酸盐氮测定及计算结果记录于表 7-2 中。

表 7-2 水样硝酸盐氮测定结果

水样	220nm 吸光度	275nm 吸光度	$A_{校}$	水样稀释倍数	水样硝酸盐氮含量
空白参比					
1					
2					
3					

五、实验前应准备的问题

1. 高压蒸汽消解水样时，包裹磨口比色管塞使用的纱布、线绳一定要耐高温。

2. 使用紫外分光光度计在测定时，注意每换一次波长，要用参比溶液校准透光率 100% 后才能对样品进行测定。

六、实验技能训练

(一) 氢氧化铝悬浮液的制备

溶解 125g 硫酸铝钾 $[KAl(SO_4)_2 \cdot 12H_2O]$ 或硫酸铝铵 $[NH_4Al(SO_4)_2 \cdot 12H_2O]$ 于 1000ml 水中，加热至 60℃，在不断搅拌下，徐徐加入 55ml 浓氨水，放置约 1h 后，移入 1000ml 量筒内，用水反复洗涤沉淀，最后至洗涤液中不含亚硝酸盐为止。澄清后，把上清液尽量全部倾出，只留稠的悬浮物，最后加入 100ml 水，使用前应振荡均匀。

(二) 离子交换柱的制备

使用直径 1.4cm 的离子交换柱，装树脂高 5～8cm。新的树脂先用 200ml 水分两次洗涤，用甲醇浸泡过夜，弃去甲醇，再用 40ml 甲醇分两次洗涤，然后用新鲜去离子水洗到柱中流出液滴落于烧杯中无乳白色为止。树脂装入柱中时，树脂间绝不允许存在气泡。

七、建议教学时数：10 学时

思考题

1. 水中总氮的测定方法有哪些？分别适合测定哪类水样？
2. 如何通过各种形态氮的测定来研究水体的自净作用？

实验八 水中 TP 的测定 钼酸铵分光光度法

一、实验提要

总磷（total phosphorus，TP）是指水样经消解后将各种形态的磷转变成正磷酸盐后测定的结果，以每升水样含磷毫克数计量。在天然水和废水中，磷几乎都以各种磷酸盐的形式存在，包括正磷酸盐、缩合磷酸盐、焦磷酸盐、偏磷酸盐和有机团结合的磷酸盐等。其主要来源为生活污水、化肥、有机磷农药及近代洗涤剂所用的磷酸盐增洁剂等。磷是生物生长的必需元素之一，是造成水体富营养化污染的主要因素之一，同时也是水质评价的重要指标之一。准确测定水中 TP 含量，对于正确评价水质现状、预测水质发展趋势、防治水体富营养化等具有重要的现实意义。

水中磷的测定，通常按其存在的形式，分别测定总磷、溶解性正磷酸盐和总溶解性磷，如图 8-1 所示。

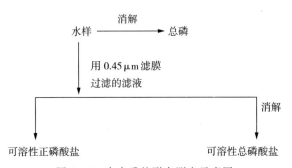

图 8-1 水中磷的形态测定示意图

本实验采用过硫酸钾消解-钼酸铵分光光度法测定水中总磷，即直接对水样进行消解，无需过滤。该法适用于地表水、生活污水和工业废水，检测范围为 0.01～0.6mg/L（25ml 试样）。

（一）实验目的

1. 了解 TP 的测定意义及 TP 对环境的影响。

2. 熟悉所测水样的采集与保存方法。

3. 掌握分光光度计的使用方法、标准曲线的绘制及计算方法。

4. 掌握过硫酸钾消解-钼酸铵分光光度法测定 TP 的原理和方法。

（二）实验原理

在中性条件下，用过硫酸钾使试样消解，将所含各种形态的磷全部转化为正磷酸盐。在酸性介质中，正磷酸盐与钼酸铵反应，在锑盐存在下生成磷钼杂多酸后，立即被抗坏血酸还原，生成蓝色的络合物，于分光光度计最大吸收波长 700nm 处测量吸光度，根据标准曲线，计算水样中 TP 的含量。反应过程如下：

$$磷（各种形态）\xrightarrow{K_2S_2O_8} PO_4^{3-}$$

$$PO_4^{3-} ＋钼酸盐＋抗坏血酸\xrightarrow{H^+} 蓝色络合物（磷钼蓝）$$

二、仪器、试剂及材料

（一）仪器材料

1. 医用手提式蒸汽消毒器或一般压力锅（$1.1\sim1.5kg/cm^2$），如图 8-2 所示。

2. 分光光度计：配有 3cm 比色皿的可见光分光光度计，如图 8-3 所示。

图 8-2 立式压力蒸汽灭菌器

图 8-3 7220N 型分光光度计

3. 50ml 具塞（磨口）刻度管或比色管。

4. 实验室常用仪器：烘箱、万分之一电子天平、蒸馏水器或纯水机、移液管、容量瓶等。

（二）实验试剂

1. 硫酸（H_2SO_4），密度为 1.84g/ml。

2. 硝酸（HNO_3），密度为 1.4g/ml。

3. 高氯酸（$HClO_4$），优级纯，密度为 1.68g/ml。

4. 硫酸（H_2SO_4），1+1（体积）。

5. 硫酸，c（$1/2H_2SO_4$）≈1mol/L：将 27ml 浓硫酸加入 973ml 蒸馏水中。

6. 1mol/L 氢氧化钠（NaOH）：将 40g 氢氧化钠溶于蒸馏水并稀释至 1000ml。

7. 6mol/L 氢氧化钠（NaOH）：将 240g 氢氧化钠溶于蒸馏水并稀释至 1000ml。

8. 50g/L 过硫酸钾（$K_2S_2O_8$）溶液：将 5g 优级纯过硫酸钾溶解于蒸馏水并稀释至 100ml。

9. 100g/L 抗坏血酸（$C_6H_8O_6$）溶液：将 10g 抗坏血酸溶解于蒸馏水并稀释至 100ml。此溶液贮于棕色试剂瓶中，在冷处可稳定几周，若颜色变黄，应弃去重配。

10. 钼酸盐溶液：溶解 13g 钼酸铵 [$(NH_4)_6Mo_7O_{24}\cdot 4H_2O$] 于 100ml 水中。溶解 0.35g 酒石酸锑钾 [$K(SbO)C_4H_4O_6\cdot 1/2H_2O$] 于 100ml 水中。在不断搅拌下把钼酸铵溶液徐徐加到 300ml（1+1）硫酸中，加酒石酸锑钾溶液并且混合均匀。此溶液贮存于棕色试剂瓶中，在冷处可保存两个月。

11. 浊度-色度补偿液：混合两个体积（1+1）硫酸和一个体积 10%（m/V）抗坏血酸溶液。此溶液需测试当天现配现用。

12. 磷标准贮备溶液：称取（0.2197±0.001）g 于 110℃ 干燥 2h，并在干燥器中放冷的磷酸二氢钾（KH_2PO_4），用水溶解后转移至 1000ml 容量瓶中，加入约 800ml 水，加 5ml（1+1）硫酸用水稀释至标线并混匀。1.00ml 此标准溶液含 50.0μg 磷（以 P 计）。此溶液在玻璃瓶中可贮存至少六个月。

13. 磷标准使用溶液：将 10.0ml 的磷标准溶液转移至 250ml 容量瓶中，用水稀释至标线并混匀。1.00ml 此标准溶液含 2.0μg 磷。此溶液需测试当天现配现用。

14. 酚酞，10g/L 溶液：0.5g 酚酞溶于 50ml 95% 乙醇中。

说明：实验用水均为蒸馏水或相当纯度的纯水。

三、实验内容

（一）水样采集

采集水样后，加硫酸酸化至 pH≤1 保存。测定溶解性正磷酸盐时，可不加任何试剂，于 2℃~5℃冷处保存，24h 内进行分析。

注：对于含磷量较少的水样，不宜使用塑料瓶采样，因磷酸盐易吸附在塑料瓶壁上。

（二）实验步骤

1. 取样

取 25ml 水样（若水样中含磷浓度较高，可以适当减少试样体积，并加水至 25ml，使含磷量不超过 30μg）于 50ml 具塞（磨口）刻度管或比色管中，取时应仔细摇匀，以得到溶解部分和悬浮部分均具有代表性的试样。

2. 消解

向上述水样中加 4ml 5％过硫酸钾溶液，将具塞刻度管的盖塞紧后，用一小块纱布和棉线将玻璃塞扎紧（亦不可过紧，保证加热时玻璃塞不冲出即可），放在大烧杯中置于高压蒸气消毒器中加热，待压力达 1.1kg/cm²、相应温度约为 120℃时，保持 30min 后停止加热，打开放气阀，待压力表读数降至零后，取出放冷，然后用水稀释至标线。

3. 显色

分别向各份消解液中加入 1ml 10％（m/V）抗坏血酸溶液混匀，30s 后加 2ml 钼酸盐溶液充分混匀。

4. 测量

室温下放置 15min 后，使用光程为 3cm 的比色皿，在 700nm 波长下，以蒸馏水作参比，测定吸光度。扣除空白实验的吸光度后，从标准曲线上查得磷的含量。

5. 标准曲线的绘制

取 7 支 50ml 具塞比色管，分别加入 0.00ml、0.50ml、1.00ml、3.00ml、5.00ml、10.0ml、15.0ml 磷酸盐标准使用液，加蒸馏水至 25ml，然后按水样测定步骤进行处理。以蒸馏水作参比，测定吸光度。扣除空白实验的吸光度后，以磷的含量（μg）为横坐标，以其吸光度值为纵坐标绘制标准曲线。

6. 空白实验

用蒸馏水代替水样，并加入与测定时相同体积的其他试剂，实验步骤同上。

7. 结果的表示

总磷含量以 c（mg/L）表示，按式（8-1）计算：

$$c = \frac{m}{V} \qquad\qquad (8-1)$$

式中：m——由标准曲线查得的磷含量，μg；

　　　V——所测水样体积，ml。

四、实验数据整理

将实验数据记录于表 8-1 和表 8-2 中，并根据磷标准曲线的回归方程计算出 TP 含量。

表 8-1　原始数据记录表

采样时间：　　　　　　测试时间：　　　　　　　　　　测试人：

水样编号	水样体积 V（ml）	5%过硫酸钾溶液（ml）	消解压力（kg/cm²或 MPa）	消解时间（min）	10%抗坏血酸溶液（ml）	TP（mg/L）	备注

表 8-2　磷标准曲线绘制

取样体积（ml）	参比	0	0.50	1.00	3.00	5.00	10.00	15.00
磷含量（μg）	0	0	1	2	6	10	20	30
吸光度								
回归方程								
相关系数 r								

五、实验前应准备的问题

(一) 试剂与仪器

过硫酸钾：其纯度对实验结果影响较大，若无优级纯，可将分析纯作纯化处理。

实验所需的所有玻璃器皿均使用（1%～5%）稀盐酸或稀硝酸浸泡，或用不含磷的洗涤剂刷洗，再依次用自来水、蒸馏水冲洗数次，洗净干燥备用。

(二) 注意事项

1. 若采集水样时使用硫酸酸化固定，则用过硫酸钾消解前需用 NaOH 溶液将水样 pH 值调至中性。

2. 一般民用压力锅，在加热至顶压阀出气孔冒气时，锅内温度约为 120℃。

3. 若试样中含有浊度或色度时，需配制一个空白试样（消解后用水稀释至标线），然后向试料中加入 3ml 浊度-色度补偿液，但不加抗坏血酸溶液和钼酸盐溶液，然后从试料的吸光度中扣除空白试样的吸光度。

4. 干扰消除：当砷含量大于 2mg/L 时，用硫代硫酸钠去除；硫化物含量大于 2mg/L 时，通氮气去除；铬含量大于 50mg/L 时，用亚硫酸钠去除；亚硝酸盐含量大于 1mg/L 时，用氨磺酸去除。

5. 若显色时室温低于 13℃，在 20℃～30℃ 恒温水浴中显色 15min 即可。

6. 当对实验结果要求不高时，标准曲线的系列样品可不经消解而直接显色测定。

7. 比色皿用完后，应以稀硝酸或铬酸洗液浸泡片刻，再用蒸馏水进行冲洗。实验过程中，应尽量按浓度从低到高的顺序测定，以减少其产生的误差。

8. 本实验中，绘制标准曲线及水样测定所用的比色管应为同一规格，且经检定为 A 级的玻璃量器，以减少仪器本身带来的误差。

六、实验技能训练——分光光度计的使用

分光光度法是通过测定被测物质在特定波长处或一定波长范围内光的吸收度，对该物质进行定性和定量分析的方法，所用仪器为分光光度计。

在分光光度法中，将不同波长的光连续地照射到一定浓度的样品溶液时，便可得到与众波长相对应的吸收强度。如以波长（λ）为横坐标，吸收强度（A）为纵坐标，就可绘出该物质的吸收光谱曲线。利用该曲线进行物质定性、定量的分析方法，称为分光光度法，也称为吸收光谱法。用紫外光源测定无色物质的方法，称为紫外分光光度法；用可见光光源测定有色物质的方法，称为可见分光光度法。

（一）分光光度法的基本原理

溶液颜色的深浅与浓度之间的关系可以用朗伯-比尔（Lambert-Beer）定律来描述：当一束平行单色光通过含有吸光物质的稀溶液时，溶液的吸光度与吸光物质浓度、液层厚度乘积成正比，即

$$A = KcL = \lg \frac{1}{T} = \lg \frac{I_0}{I_t} \qquad (8-2)$$

式中：A——吸光度（或称吸收强度、光密度，也可用 D 表示）。

　　　K——消光（吸收）系数，与吸光物质的本性、入射光波长及温度等因素有关。若溶液的浓度以摩尔/升表示，溶液厚度以厘米表示，则此时的 K 值称为摩尔消光系数 [L/（mol·cm）]。摩尔消光系数是有色化合物的重要特性之一，根据这个数值的大小，可以估计显色反应的灵敏程度。

　　　c——吸光物质的浓度，g/L。

　　　L——光程，即透光液层的厚度，cm。

　　　T——透光率。

　　　I_0，I_t——分别为入射光和透射光的强度，cd。

从式（8-2）可以看出，当消光系数 K 和液层厚度 L 不变时，吸光度 A 与溶液浓度 c 成正比关系，即只要测出 A 即可算出 c。

（二）数字式分光光度计（以 722 为例）

1. 预热仪器。开机预热 15~20min。建议预热仪器时和不测定时应将试样室盖打开，使光路切断。

2. 选定波长。根据实验要求，调至所需要的单色波长。

3. 调百调零。将空白溶液装入样品池，关好样品室门，将其拉入光路，按"100%"键调百，使 T 值显示为 100%；将样品池挡光位拉入光路，观察 T 值是否为零，如不是则按"0%"键调零，使 T 值显示为零。如此反复，直至调整正确。更换波长，均需调百调零。

4. 试样吸光度的测定。完成仪器的调整后，将样品放入样品池，将其拉入光路中，此时所显示的 T 与 A 值便是此样品的透光率和吸光度值。

5. 标准浓度曲线的建立。按上述试样吸光度的测定步骤测定系列标准溶液的吸光度，绘制标准曲线，根据标准曲线和试样吸光度值，计算试样浓度。

6. 关机。实验完毕，切断电源，将比色皿取出洗净，并将比色皿座架用软纸擦净。

（三）注意事项

1. 使用比色皿时，只能拿毛玻璃的两面，并且必须用擦镜纸擦干透光面，以保护透光面不受损坏或产生斑痕。在用比色皿装液前必须用所装溶液冲洗 3 次，以免改变溶液的浓度。比色皿在放入比色皿架时，应尽量使它们的前后位置一致，以减小测量误差。

2. 需要大幅度改变波长时，在调整 T 值为 0% 和 100% 之后，应稍等片刻（因钨丝灯在急剧改变亮度后，需要一段热平衡时间），待指针稳定后再调整 T 值为 0% 和 100%。

3. 为了避免仪器积灰和沾污，在停止工作时，应用防尘罩罩住仪器。仪器在工作几个月或经搬动后，要检查波长的准确性，以确保仪器的正常使用和测定结果的可靠性。

七、建议教学时数：3~4 学时

思考题

1. 绘制标准曲线的作用和意义是什么？
2. 水体中总磷的测定过程中存在哪些影响因素？
3. 实验过程中的误差有哪些？如何消除？
4. 过硫酸钾消解的作用是什么？
5. 用分光光度计测吸光度时，如果比色皿中有气泡，对结果有什么影响？

实验九　水中氰化物的测定
异烟酸-吡唑啉酮分光光度法

一、实验提要

氰化物特指带有氰基（CN）的化合物，其中的碳原子和氮原子通过仨键相连接，具有较高的稳定性。氰化物是剧毒物质，可在数秒之内出现中毒症状。因此，氰化物的测定在环境监测中显得格外重要。氰化物主要来源于采矿、有机合成、电镀、油漆、染料、橡胶等行业。

总氰化物（total cyanide），是指在 pH<2 的介质中，磷酸和 EDTA 存在下，加热蒸馏，形成氰化氢的氰化物，包括全部简单氰化物（多为碱金属和碱土金属的氰化物、铵的氰化物）和绝大部分络合氰化物（锌氰络合物、铁氰络合物、镍氰络合物、铜氰络合物等），不包括钴氰络合物。

易释放氰化物（easily liberatable cyanide），是指在 pH=4 的介质中，硝酸锌存在下，加热蒸馏，形成氰化氢的氰化物，包括全部简单氰化物（多为碱金属和碱土金属的氰化物）和锌氰络合物，不包括铁氰化物、亚铁氰化物、铜氰络合物、镍氰络合物、钴氰络合物。

本实验采用异烟酸-吡唑啉酮分光光度法测定水中氰化物，该法适用于地表水、生活污水和工业废水中氰化物的测定。本方法检出限为 0.004mg/L，测定下限为 0.016mg/L，测定上限为 0.25mg/L。

（一）实验目的

1. 了解水中氰化物的来源及危害。

2. 熟悉水中氰化物的采集与保存。

3. 掌握异烟酸-吡唑啉酮分光光度法测定水中氰化物的原理与操作技术。

4. 掌握一般实验事故的急救与处理方法。

（二）实验原理

在中性条件下，样品中的氰化物与氯胺 T 反应生成氯化氰，再与异烟酸作用，经水解后生成戊烯二醛，最后与吡唑啉酮缩合生成蓝色染料，在一定浓度范围内，其色度与氰化物质量浓度成正比。反应过程如下：

$$CN^- + C_7H_7ClNNaO_2S \cdot 3H_2O \longrightarrow CNCl$$

$$CNCl + C_6H_6NO_2 + H_2O \longrightarrow C_5H_6O_2$$

$$C_5H_6O_2 + C_{10}H_{10}ON_2 \longrightarrow 蓝色染料$$

二、仪器、试剂及材料

(一) 仪器材料

本实验均使用经检定为 A 级的玻璃量器。

1. 600W 或 800W 可调电炉。

2. 500ml 全玻璃蒸馏器。

3. 250ml 量筒。

4. 250ml 具塞比色管。

5. 250ml 锥形瓶。

6. 分光光度计。

7. 恒温水浴锅，控温精度±1℃。

8. 一般实验室常用仪器。蒸馏装置如图 9-1 所示。

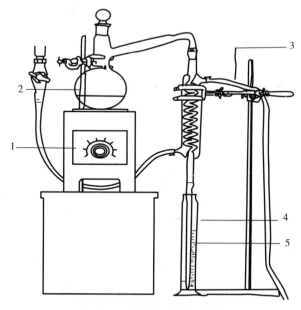

图 9-1 氰化物蒸馏装置图

1—可调电炉；2—蒸馏瓶；3—冷却水出口；4—接收瓶；5—馏出液导管

(二) 实验试剂

1. 1g/L 氢氧化钠（NaOH）溶液：称取 1g 氢氧化钠溶于水中，稀释至

1000ml，摇匀，贮于聚乙烯塑料瓶中。

2. 10g/L 氢氧化钠（NaOH）溶液：称取 10g 氢氧化钠溶于水中，稀释至 1000ml，摇匀，贮于聚乙烯塑料瓶中。

3. 20g/L 氢氧化钠（NaOH）溶液：称取 20g 氢氧化钠溶于水中，稀释至 1000ml，摇匀，贮于聚乙烯塑料瓶中。

4. 磷酸盐缓冲溶液（pH＝7）：称取 34.0g 无水磷酸二氢钾（KH_2PO_4）和 35.5g 无水磷酸氢二钠（Na_2HPO_4）溶于水，稀释定容至 1000ml，摇匀。

5. 10g/L 氯胺 T（$C_7H_7ClNNaO_2S \cdot 3H_2O$）溶液：称取 1.0g 氯胺 T 溶于水，稀释定容至 100ml，摇匀，贮于棕色瓶中，需现配现用。

注：氯胺 T 发生结块不易溶解，可致显色无法进行，必要时需用碘量法测定有效氯浓度。氯胺 T 固体试剂应注意保管条件以免迅速分解失效，勿受潮，最好冷藏。

6. 异烟酸-吡唑啉酮溶液

（1）异烟酸溶液：称取 1.5g 异烟酸（$C_6H_6NO_2$）溶于 25ml 20g/L 氢氧化钠溶液，加水稀释定容至 100ml。

（2）吡唑啉酮溶液：称取 0.25g 吡唑啉酮（3-甲基-1-苯基-5-吡唑啉酮，$C_{10}H_{10}ON_2$）溶于 20ml N，N-二甲基甲酰胺 [$HCON(CH_3)_2$]。

（3）异烟酸-吡唑啉酮溶液：将上述吡唑啉酮溶液和异烟酸溶液按 1∶5 混合，现配现用。

注：异烟酸配成溶液后如呈现明显淡黄色，使空白值增高，可过滤。为降低试剂空白值，实验中以选用无色的 N，N-二甲基甲酰胺为宜。

7. 0.0100mol/L 氯化钠（NaCl）标准溶液：将氯化钠（NaCl，基准试剂）置瓷坩埚内，经 500℃～600℃ 灼烧至无暴烈声后，在干燥器内冷却，称取 0.5844g 溶于水中，稀释定容至 1000ml，摇匀。

8. 铬酸钾指示剂：称取 10.0g 铬酸钾（K_2CrO_4）溶于少量水中，滴加硝酸银标准溶液至产生橙红色沉淀为止，放置过夜后，过滤，用水稀释至 100ml。

9. 0.01mol/L 硝酸银（$AgNO_3$）标准溶液：称取 1.699g 硝酸银溶于水中，稀释定容至 1000ml，摇匀，贮于棕色试剂瓶中，待标定后使用。硝酸银标准溶液的标定步骤如下：

（1）吸取 0.0100mol/L 氯化钠标准溶液 10.00ml 于 250ml 锥形瓶中，加入 50ml 水。另取 60ml 实验用水作空白实验。

（2）向溶液中加入 3～5 滴铬酸钾指示剂，将待标定的硝酸银溶液加入 10ml 棕色酸式滴定管中，在不断旋摇下滴定，直至氯化钠标准溶液由黄色变成浅砖红色为止，记下读数（V）。同样滴定空白溶液，记下读数（V_0）。

硝酸银标准溶液的浓度按式（9-1）计算：

$$c_1 = \frac{c \times 10.00}{V - V_0} \qquad (9-1)$$

式中：c_1——硝酸银标准溶液的摩尔浓度，mol/L；

c——氯化钠标准溶液的摩尔浓度，mol/L；

10.00——氯化钠标准溶液的体积，ml；

V——滴定氯化钠标准溶液时硝酸银溶液的用量，ml；

V_0——滴定空白溶液时硝酸银溶液的用量，ml。

10. 试银灵指示剂：称取 0.02g 试银灵（对二甲氨基亚苄基罗丹宁）溶于丙酮中，并稀释至 100ml。贮存于棕色瓶并放于暗处可稳定一个月。

11. 氰化钾（KCN）标准溶液

（1）氰化钾贮备溶液的配制和标定

① 氰化钾贮备溶液的配制：称取 0.25g 氰化钾（KCN，注意剧毒！避免尘土的吸入或与固体或溶液的接触）于 100ml 棕色容量瓶中，溶于 1g/L 氢氧化钠溶液并稀释至标线，摇匀，避光贮存于棕色瓶中，4℃ 以下冷藏至少可稳定两个月。本溶液氰离子（CN^-）质量浓度约为 1g/L，临用前用硝酸银标准溶液标定其准确浓度。

② 氰化钾贮备溶液的标定：吸取 10.00ml 氰化钾贮备溶液于 250ml 锥形瓶中，加入 50ml 水和 1ml 20g/L 氢氧化钠溶液，加入 0.2ml 试银灵指示剂，用 0.01mol/L 硝酸银标准溶液滴定至溶液由黄色刚变为橙红色为止，记录硝酸银标准溶液用量（V_1）。另取 10.00ml 实验用水作空白实验，记录硝酸银标准溶液用量（V_0）。氰化物贮备溶液质量浓度以氰离子（CN^-）计，按式（9-2）计算：

$$\rho_2 = \frac{c \times (V_1 - V_0) \times 52.04}{10.00} \qquad (9-2)$$

式中：ρ_2——氰化物贮备溶液的质量浓度，g/L；

c——硝酸银标准溶液的摩尔浓度，mol/L；

V_1——滴定氰化钾贮备溶液时硝酸银标准溶液的用量，ml；

V_0——滴定空白实验时硝酸银标准溶液的用量，ml；

52.04——氰离子（$2CN^-$）摩尔质量，g/mol；

10.00——氰化钾贮备液的体积，ml。

（2）10.00mg/L 氰化钾标准中间溶液：先按式（9-3）计算出配制 500ml 氰化钾标准中间溶液时，应吸取氰化钾贮备溶液的体积 V：

$$V = \frac{10.00 \times 500}{\rho \times 1000} \qquad (9-3)$$

式中：V——吸取氰化钾贮备溶液的体积，ml；

ρ——氰化物贮备溶液的质量浓度，g/L；

1000——单位换算系数；

10.00——氰化钾标准中间溶液的质量浓度，mg/L；

500——氰化钾标准中间溶液的体积，ml。

准确吸取 V（ml）氰化钾贮备溶液于 500ml 棕色容量瓶中，用 1g/L 氢氧化钠溶液稀释至标线，摇匀，避光，现配现用。

（3）1.00mg/L 氰化钾标准使用溶液：吸取 10.00ml 10.00mg/L 氰化钾标准中间溶液于 100ml 棕色容量瓶中，用 1g/L 氢氧化钠溶液稀释至标线，摇匀，避光，现配现用。

说明：本实验所用试剂除非另有说明，分析时均使用分析纯试剂，实验用水为新制备的不含氰化物和活性氯的蒸馏水或去离子水。

三、实验内容

（一）水样采集

1. 采集的水样需贮存于用无氰水清洗并干燥后的聚乙烯塑料瓶或硬质玻璃瓶中。现场采样时需先用所采水样淋洗 3 次后，再采集水样 500ml。样品采集后须立即加氢氧化钠固定，一般每升水样加 0.5g 固体氢氧化钠。当水样酸度高时，应多加固体氢氧化钠，保证水样的 pH＞12。

2. 采来的样品应及时进行测定。如果不能及时测定样品，必须将样品 4℃ 以下冷藏，并在采样后 24h 内分析样品。

3. 当样品中含有大量硫化物时，应先加碳酸镉或碳酸铅固体粉末，除去硫化物后，再加氢氧化钠固定。否则，在碱性条件下，氰离子和硫离子作用形成硫氰酸离子而干扰测定。

检验硫化物的方法：取 1 滴水样或样品，放在乙酸铅试纸上，若变黑色（硫化铅），说明有硫化物存在。

（二）实验步骤

1. 样品蒸馏

（1）参照图 9-1，将蒸馏装置连接。用 250ml 量筒量取 200ml 样品，移入蒸馏瓶中（若氰化物浓度高，可少取样品，加水稀释至 200ml），加数粒玻璃珠。

（2）往接收瓶内加入 10ml 10g/L 氢氧化钠溶液，作为吸收液。当样品中存在亚硫酸钠和碳酸钠时，可用 20g/L 氢氧化钠溶液作为吸收液。

（3）馏出液导管上端接冷凝管的出口，下端插入接收瓶的吸收液中，检查连接部位，使其严密。蒸馏时，馏出液导管下端要插入吸收液液面下，使吸收完全。

如在试样制备过程中，蒸馏或吸收装置发生漏气现象，氰化氢挥发，将使氰化物分析产生误差且污染实验室环境，对人体产生伤害，所以在蒸馏过程中一定要时刻检查蒸馏装置的严密性并使吸收完全。

（4）接收瓶内试样体积接近 100ml 时，停止蒸馏，用少量水冲洗馏出液导管，取出接收瓶，用水稀释至标线，此碱性试样"A"待测。

2. 空白实验

用实验用水代替样品，按步骤（1）至（4）操作，得到空白实验试样"B"待测。

3. 校准曲线的绘制

（1）取 8 支 250ml 具塞比色管，分别加入氰化钾标准使用溶液 0.00ml、0.20ml、0.50ml、1.00ml、2.00ml、3.00ml、4.00ml 和 5.00ml，再加入1g/L 氢氧化钠溶液 10ml。

（2）向各管中加入 5.0ml 磷酸盐缓冲溶液，混匀，迅速加入 0.20ml 氯胺 T 溶液，立即盖塞子，混匀，放置 3～5min。

注：当氰化物以 HCN 存在时易挥发，因此，加入缓冲溶液后，每一步骤操作都要迅速，并随时盖紧塞子。

（3）向各管中加入 5.0ml 异烟酸-吡唑啉酮溶液，混匀。加水稀释至标线，摇匀。在 25℃～35℃ 的恒温水浴锅中放置 40min，立即比色。

（4）分光光度计在 638nm 波长处，用 10mm 比色皿，以试剂空白（零浓度）作参比，测定吸光度，绘制校准曲线。

4. 试样的测定

吸取 10.00ml 试样"A"于 250ml 具塞比色管中，其余步骤按标准曲线的绘制进行操作。从校准曲线上计算出相应的氰化物质量浓度。

注：当用较高浓度的氢氧化钠溶液作为吸收液时，加缓冲溶液前应以酚酞为指示剂，滴加盐酸溶液至红色褪去。同时需要注意：绘制校准曲线时，和水样保持相同的氢氧化钠浓度。

5. 结果计算

氰化物质量浓度 ρ_3 以氰离子（CN^-）计，按式（9-4）计算：

$$\rho_3 = \frac{A - A_0 - a}{b} \times \frac{V_1}{V_2 \times V} \qquad (9-4)$$

式中：ρ_3——氰化物的质量浓度，mg/L；

　　　A——试样的吸光度；

A_0——空白试样的吸光度;

a——校准曲线截距;

b——校准曲线斜率;

V——样品的体积,ml;

V_1——试样(试样"A")的体积,ml;

V_2——试料(比色时,所取试样"A")的体积,ml。

四、实验数据整理

将实验数据记录在表 9-1 中,并计算相关参数。

表 9-1 氰化物标准曲线回归结果

取样体积(ml)	0.00	0.20	0.50	1.00	2.00	3.00	4.00	5.00
氰化物含量(μg)								
吸光度								
回归方程								
相关系数 r								

五、实验前应准备的问题

1. 在加入氯胺 T 后应先摇匀再加显色剂。

2. 总氰化物以 HCN 存在时易挥发,因此,从加缓冲液后,每一步骤都要迅速操作,并随时盖严塞子。操作过程中比色管盖没盖,操作太慢,放置时间太长等都会使显色失败。

3. 警告:氰化物和吡啶属于剧毒物质,操作时应按规定要求佩带防护器具,避免接触皮肤和衣服;检测后的残渣、残液应做妥善的安全处理。

4. 当水样在酸性蒸馏时,若有较多挥发性酸蒸出,则应增大氢氧化钠浓度。同时,在绘制标准曲线时,所有碱液浓度应相同。

六、实验技能训练——实验事故的急救与处理

实验过程中一旦发生事故,实验人员无需惊慌,应沉着应对,果断采取措施,将伤害降至最低。因此,作为实验人员,应掌握一般实验事故的急救与处理方法,以备不时之需。

(一)烧伤的急救

1. 一般处置

烧伤包括烫伤及火伤。当灼伤遍及身体面积过大时,应将伤者的衣服脱掉,

用消过毒的布包好，并给患者补充大量热的饮料。

一般烧伤伤员可以口服含盐开水或烧伤饮料以防休克。伤势严重者，应迅速就医，对于休克伤员最好请医护人员前来抢救，转送伤者至医院时要防寒、防暑、防颠，必要时进行输液。

2. 化学灼伤的急救

发生化学灼伤时，应迅速脱掉衣服。先用手帕、纱布或吸水性良好的纸片等物品吸去皮肤上化学毒物液滴，用大量清水淋洗，再用适合与消除该有毒化学药品的特种溶剂、溶液或药剂仔细洗涤处理伤处。现将常见有毒化学药品的急救或治疗方法列于表 9-2。

表 9-2　常见有毒化学药品的急救或治疗方法

化学试剂	急救或治疗方法
碱类：氢氧化钾、氢氧化钠、氨、氧化钙、碳酸钠、碳酸钾	即刻用大量清水长时间淋洗，然后用 2% 乙酸或 2% 柠檬酸或 4% 硼酸冲洗；受氧化钙灼伤时，可用任一种植物油洗涤伤处
酸类：硫酸、盐酸、硝酸、磷酸、乙酸、草酸、苦味酸	先用大量清水冲洗，然后用 2% 碳酸氢钠溶液冲洗
碱金属氰化物、氢氰酸	先用高锰酸钠溶液冲洗，再用硫化铵溶液漂洗
溴	用 1 体积氨（25%）、1 体积松节油和 10 体积乙醇（95%）的混合液处理，不可单独用水冲洗，以免增加水解反应而使损害程度加重
铬酸	先用大量清水冲洗，然后用硫化铵溶液漂洗
氢氟酸	先用大量冷水冲洗至伤口表面发红，然后用 50g/L 碳酸氢钠溶液洗，再以甘油与氧化镁（2+1）悬浮剂涂抹，用消毒纱布包扎
磷	不可将灼伤面暴露于空气，亦不能用油质类涂抹。先用 10g/L 硫酸铜溶液洗净残余的磷，再用（1+1000）高锰酸钾湿敷，表面涂以保护剂，用绷带包扎
苯酚	先用大量清水冲洗，再用 4 体积乙醇（70%）与 1 体积氯化铁（1mol/L）的混合液洗，或先用大量水冲洗后，再用 50% 乙醇冲洗 2～3 次
氯化锌、硝酸银	先用清水冲洗，再用 50g/L 碳酸氢钠溶液漂洗，最后涂抹油膏及磺胺粉

注：化学灼伤较重者，应及时使用破伤风抗毒素和抗生素。

3. 眼睛灼伤的处理

眼睛受到任何伤害时，都必须立即前往医院诊治。但在医师救护前，对于眼睛的化学灼伤的急救应该是分秒必争。若眼睛被溶于水的化学药品灼伤时，应立即去最近的水源处，用流水缓慢冲洗眼睛 15min 以上，淋洗时可用手指轻轻撑开上下眼睑，并嘱伤者眼球向各方向不时转动，再速请眼科医师诊治。如果是碱灼伤时，再用 4% 硼酸或 2% 柠檬酸溶液冲洗，洗后反复滴入氯霉素等微酸性眼药水。

（二）创伤的处理

先用消毒镊子或消毒纱布把伤口清理干净，并用 3.5% 的碘酒涂抹伤口四周，使得毛细管止血。

不管是毛细管出血（渗出血液，出血少）、静脉出血（暗红色血，流出慢）还是动脉出血（喷射状出血，出血多）都可以用压迫法止血，具体的压迫位置根据创口部位而定。实验室内应具备急救绷带包。当伤口严重、出血较多时，应在四肢伤口上部包扎止血带止血，并用消毒纱布包扎伤口，仍大量流血时，特别是动脉出血应迅速就医。

用止血带止血应注意每 1h（上肢）或 2h（下肢）放松 1 次，每次放松 1～2min，此时用指压法止血，冬天气温低血液循环慢时 0.5h 就要松 1 次，放松要慢。

注意：分析室对于创伤的止血，只能是做一些就医前的准备，除小伤外，一般都应由医务人员处理为宜。

（三）中毒的急救

在实验过程中，应尽可能避免或减少与毒物直接接触的可能性，注意实验室的通风条件，注意加强自身或周围的防护装备，严格遵守预防原则与防护操作规程，防止毒物侵入人体或损害各器官。预防中毒的原则主要有：

1. 使用无毒或少毒的物质来代替毒物，是预防中毒的最根本方法。

2. 保持实验室内良好的通风条件，是预防有毒物质最可靠的方法之一。

3. 注意遵守个人卫生和个人防护规程，禁止在使用毒物的实验室内存放食物、饮食或吸烟；应按规定穿实验服或防护设备；平时经常洗浴，保持个人卫生。

对于中毒者的急救，首要在于把患者送往医院或在医师到达之前，立即将患者从中毒物质作用区域移出，并设法排除其体内的毒物，如服用催吐剂、洗胃、洗肠，或者迅速用"解药"以消除消化器官内毒物的毒害。同时必须十分注意维持患者最重要生理系统和器官的活动。若是呼吸失调或停顿，应立即施行人工呼吸和使用各种刺激呼吸系统中枢活动的药剂，例如让患者吸入含有 5% 二氧化碳的氧气；若是心脏活动失调，必须给患者皮下注射 2～4ml 消毒樟脑油或洋地黄注射剂。表 9-3 列举了常见毒物中毒时的急救措施。

表 9-3　常见毒物中毒时的急救措施

毒物名称	侵入途径与症状	急救措施
氯	途径：呼吸道和皮肤黏膜 症状：流泪、咽干、咳嗽、打喷嚏、出冷汗、呼吸困难	立即离开含氯气的场所，除去被污染的衣物；静脉注射 5% 葡萄糖 40～100ml；眼睛受损用 2% 苏打水清洗，咽喉炎可吸入 2% 苏打水蒸气；并发肺炎时，应用抗生素药剂
一氧化碳或煤气	途径：呼吸道 症状：头痛、呕吐、乏力、意识不清、昏迷	立即将患者移至新鲜空气处，保暖，对呼吸不调者进行人工呼吸，并给含 5%～7% 二氧化碳的氧气；输入 5% 葡萄糖盐水 1500～2000ml；定期静脉注射 1% 亚甲蓝的葡萄糖溶液 30～50ml；重度中毒者，可用抗菌制剂预防感染
硫化氢	途径：呼吸道 症状：头晕、恶心、呕吐、腹泻、心悸、昏迷	立即离开中毒区；重者，注射 0.1% 阿扑吗啡 1ml 催吐；眼部受损时，立即用 2% 苏打水冲洗，湿敷饱和硼酸溶液和橄榄油
二氧化硫及三氧化硫	途径：呼吸道 症状：黏膜损害、呼吸道损害、急性支气管炎、肺水肿	立即移至新鲜空气区；服碳酸氢钠或乳酸钠治疗酸中毒；眼部受刺激时，应充分用 2% 苏打水冲洗
氮氧化物（主要有 NO、NO₂、硝酸蒸气）	途径：呼吸道 症状：支气管炎、肺炎、眩晕、窒息	即刻离开中毒地点，并保持安静；呼吸新鲜空气；静脉注射 50% 葡萄糖 20～60ml；续发肺部感染时，用抗黏素药剂
……	……	……

　　注：表中所用药物均是医学上所用，切忌用化学试剂代替；急救和治疗一般均应由医务人员进行。

七、建议教学时数：2～4 学时

思考题

　　1. 水样的预处理为何要在酸性条件下进行？冷藏管的下端为何要浸入 NaOH 吸收液的液面以下？

　　2. 实验过程中需要注意的事项有哪些？

　　3. 在实验过程中直接接触到氰化物时，应采取何种防护措施？

实验十　水中石油类的测定

一、实验提要

石油类亦称矿物油类，指在 pH≤2 的条件下，能够用四氯化碳萃取，不被硅酸镁吸附，并且在波数为 2930cm^{-1}、2960cm^{-1} 和 3030cm^{-1} 全部或部分谱带处有特征吸收的物质。

石油类物质是碳原子数比较少的各种烃类的混合物，可以溶解态、乳化态和分散态存在于水尤其是废水中。水中的石油类物质主要来源于冶金工业、石油化工产业及公路交通事故等。石油类进入水环境后，其含量超过 0.1～0.4mg/L，即可在水面形成油膜，影响水体的复氧过程，造成水体缺氧，危害水中生物的生活和有机污染物的好氧降解。当含量超过 3mg/L 时，会严重抑制水体自净过程。分散油和乳化油影响鱼类的正常生长，使鱼苗畸变、鱼鳃发炎坏死。石油类中的环烃化学物质具有明显的生物毒性。

测定水中石油类物质的方法有重量法、红外分光光度法、非色散红外吸收法、紫外分光光度法、荧光法等。

红外分光光度法不受石油类品种的影响，测定结果能较好地反映水被石油类污染状况，是水中石油类的测定的常用方法。

（一）实验目的

1. 了解测定水中石油类物质的意义。

2. 掌握红外分光光度法测定石油类物质的基本原理和方法。

3. 掌握红外分光光度计使用、维护的正确方法。

（二）实验原理

用四氯化碳萃取水中的油类物质，然后将萃取液用硅酸镁吸附，经脱除动植物油等极性物质后得水中石油类物质试样，测定试样在波数分别为 2930cm^{-1}（CH$_2$基团中 C—H 键的伸缩振动）、2960cm^{-1}（CH$_3$基团中 C—H 键的伸缩振动）和 3030cm^{-1}（芳香环中 C—H 键的伸缩振动）谱带处的吸光度 A_{2930}、A_{2960} 和 A_{3030}，根据各处吸光度即可计算水中石油类物质的含量。

当样品体积为 500ml，使用 4cm 光程的比色皿时，检出限为 0.2mg/L。

二、仪器、试剂及材料

(一) 仪器材料

1. 红外分光光度计，能在 3400～2400cm⁻¹ 之间进行扫描操作，并配 1cm 和 4cm 带盖石英比色皿，如图 10 - 1 所示。

图 10 - 1　红外分光光度计（北京瑞利 WQF—660 型）

2. 分液漏斗：1000ml，活塞上不得使用油性润滑剂，如图 10 - 2 所示。

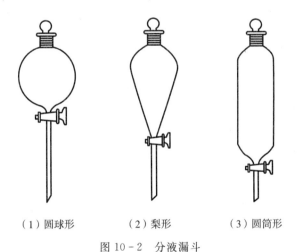

（1）圆球形　　　（2）梨形　　　（3）圆筒形

图 10 - 2　分液漏斗

3. 容量瓶：50ml、100ml 和 1000ml。

4. 玻璃砂芯漏斗：G—1 型，40ml。

5. 采样瓶：玻璃瓶。

(二) 实验试剂

1. 四氯化碳（CCl_4）在 2600～3300cm⁻¹ 之间扫描，其吸光度应不超过 0.03（1cm 比色皿、空气池作参比）。

2. 硅酸镁 (magnesium silicate)：60～100 目。取硅酸镁于瓷蒸发皿中，置高温炉内 500℃加热 2h，在炉内冷却至 200℃后，移入干燥器中冷至室温，于磨口玻璃瓶内保存。使用时，称取适量的干燥硅酸镁于磨口玻璃瓶中，根据干燥硅酸镁的重量，按 6%（m/m）的比例加适量的蒸馏水，密塞并充分振荡数分钟，放置约 12h 后使用。

3. 吸附柱：内径 10mm、长约 200mm 的玻璃层析柱。出口处填塞少量用萃取溶剂浸泡并晾干后的玻璃棉，将已处理好的硅酸镁缓缓倒入玻璃层析柱中，边倒边轻轻敲打，填充高度为 80mm。

4. 无水硫酸钠（Na_2SO_4）：在高温炉内 300℃加热 2h，冷却后装入磨口玻璃瓶中，干燥器内保存。

5. 氯化钠（NaCl）。

6. 盐酸（HCl）：$\rho = 1.18g/ml$。

7. （1+5）盐酸溶液：将 1 体积的盐酸（$\rho = 1.18g/ml$）缓缓加入 5 体积的水中，不断搅拌混匀。

8. 50g/L 氢氧化钠（NaOH）溶液：5g 氢氧化钠溶解后定容至 100ml。

9. 130g/L 硫酸铝［$Al_2(SO_4)_3 \cdot 18H_2O$］溶液：13g 硫酸铝溶解后定容至 100ml。

10. 正十六烷［n-hexadecane，$CH_3(CH_2)_{14}CH_3$］。

11. 姥鲛烷（pristane，2，6，10，14 -四甲基十五烷）。

12. 甲苯（toluene，$C_6H_5CH_3$）。

三、实验内容

(一) 水样采集

1. 采样：油类物质要单独采样，不允许在实验室内再分样。采样时，应连同表层水一并采集，并在样品瓶上作一标记，用以确定样品体积。当只测定水中乳化状态和溶解性油类物质时，应避开漂浮在水体表面的油膜层，在水面下 20～50cm 处取样。当需要报告一段时间内油类物质的平均浓度时，应在规定的时间间隔分别采样后分别测定。

2. 样品保存：样品如不能在 24h 内测定，采样后应加盐酸酸化至 pH≤2，并于 2℃～5℃下冷藏保存。

(二) 实验步骤

1. 萃取

(1) 直接萃取

将一定体积的水样全部倾入分液漏斗中，加盐酸酸化至 pH≤2，用 20ml 四氯化碳洗涤采样瓶后移入分液漏斗中，加约 20g 氯化钠充分振荡 2min，并经常开启活塞排气，静置分层后，将萃取液经已放置约 10mm 厚度无水硫酸钠的玻璃砂芯漏斗流入容量瓶内，用 20ml 四氯化碳重复萃取一次。取适量的四氯化碳洗涤玻璃砂芯漏斗，洗涤液一并流入容量瓶，加四氯化碳稀释至标线定容，并摇匀。

萃取物经硅酸镁吸附后用于测定石油类。

(2) 絮凝富集萃取

水样中石油类的含量较低时，采用絮凝富集萃取法。

往一定体积的水样中加 25ml 硫酸铝溶液（130g/L）并搅匀，然后边搅拌边逐滴加入 25ml 氢氧化钠溶液（50g/L），待形成絮状沉淀后沉降 30min，虹吸法弃去上层清液，加适量的盐酸溶液（1+5）溶解沉淀，以下步骤按上述直接萃取法的步骤进行。

2. 吸附

吸附有两种方法，即过柱吸附法和振荡吸附法。过柱吸附法为标准方法，效果较好。振荡吸附法只适合在与过柱吸附法测得的结果基本一致的条件下采用。振荡吸附法适合大批量样品的测定。

(1) 过柱吸附法

取适量的萃取液通过硅酸镁吸附柱，弃去前约 5ml 的滤出液，余下部分接入玻璃瓶用于测定石油类。如萃取液需要稀释，应在吸附前进行。

(2) 振荡吸附法

称取 3g 硅酸镁吸附剂，倒入 50ml 磨口三角瓶，加约 30ml 萃取液，密塞，将三角瓶置于康氏振荡器上以不小于 200 次/min 的速度连续振荡 20min。

将振荡吸附后的萃取液经玻璃砂芯漏斗过滤，滤出液接入玻璃瓶内用于测定石油类，如萃取液需要稀释应在吸附前进行。

3. 测定

(1) 样品测定

以四氯化碳作参比溶液，使用适当光程的比色皿在 3400～2400cm^{-1} 之间对硅酸镁吸附后滤出液进行扫描，于 3300～2600cm^{-1} 之间划一直线作基线，在 2930cm^{-1}、2960cm^{-1}、3030cm^{-1} 处测量硅酸镁吸附后滤出液的吸光度 A_{2930}、A_{2960}、A_{3030}，计算石油类的含量。

(2) 校正系数测定

以四氯化碳为溶剂，分别配制 100mg/L 正十六烷、100mg/L 姥鲛烷和 400mg/L 甲苯溶液。用四氯化碳作参比溶液，使用 1cm 比色皿分别测量正十六烷、姥鲛烷和甲苯三种溶液在 2930cm^{-1}、2960cm^{-1}、3030cm^{-1} 处的吸光度

A_{2930}、A_{2960}、A_{3030}。

正十六烷、姥鲛烷和甲苯三种溶液在上述波数处的吸光度均服从式（10-1），由此得出的联立方程式经求解后可分别得到相应的校正系数 X、Y、Z 和 F。

$$c = X \cdot A_{2930} + Y \cdot A_{2960} + Z\left(A_{3030} - \frac{A_{2930}}{F}\right) \tag{10-1}$$

式中：c——萃取溶液中化合物的含量，mg/L；

$\quad\quad\quad A_{2930}$，A_{2960}，A_{3030}——各对应波数下测得的吸光度；

$\quad\quad\quad X$，Y，Z——与各种 C—H 键吸光度相对应的系数；

$\quad\quad\quad F$——脂肪烃对芳香烃影响的校正因子，即正十六烷在 2930cm^{-1} 和 3030cm^{-1} 处的吸光度之比。

对于正十六烷（H）和姥鲛烷（P），由于其芳香烃含量为零，

即 $A_{3030} - \dfrac{A_{2930}}{F} = 0$，则有：

$$F = A_{2930}（H）/A_{3030}（H） \tag{10-2}$$

$$c（H） = X \cdot A_{2930}（H） + Y \cdot A_{2960}（H） \tag{10-3}$$

$$c（P） = X \cdot A_{2930}（P） + Y \cdot A_{2960}（P） \tag{10-4}$$

由式（10-2）可得 F 值，由式（10-3）和（10-4）可得 X 和 Y 值，其中 c（H）和 c（P）分别为测定条件下正十六烷和姥鲛烷的浓度，mg/L。

对于甲苯（T）则有：

$$c（T） = X \cdot A_{2930}（T） + Y \cdot A_{2960}（T） + Z\left[A_{3030}（T） - \frac{A_{2930}（T）}{F}\right]$$

$$\tag{10-5}$$

由式（10-5）可得 Z 值，其中 c（T）为测定条件下甲苯的浓度，mg/L。

可采用异辛烷代替姥鲛烷、苯代替甲苯，以相同方法测定校正系数。两系列物质，在同一仪器相同波数下的吸光度不一定完全一致，但测得的校正系数变化不大。

（3）校正系数检验

分别准确量取纯正十六烷、姥鲛烷和甲苯，按 5:3:1（V/V）的比例配成混合烃。

使用时根据所需浓度，准确称取适量的混合烃以四氯化碳为溶剂配成适当浓度范围（如 5mg/L、40mg/L、80mg/L 等）的混合烃系列溶液。

按样品测定步骤在 2930cm^{-1}、2960cm^{-1}、3030cm^{-1} 处分别测量混合烃系列

溶液的吸光度 A_{2930}、A_{2960}、A_{3030}，按式（10-1）计算混合烃系列溶液的浓度并与配制值进行比较，如混合烃系列溶液浓度测定值的回收率在 90％～110％ 范围内，则校正系数可采用，否则应重新测定校正系数并检验，直至符合条件为止。

采用异辛烷代替姥鲛烷、苯代替甲苯测定校正系数时，用正十六烷异辛烷和苯按 65：25：10（V/V）的比例配制混合烃，然后按相同方法检验校正系数。

4.空白实验

以水代替试料，加入与测定相同体积的试剂，并使用相同光程的比色皿，按样品测定中有关步骤进行空白实验。

（三）结果计算

水样中石油类含量 c（mg/L）按式（10-6）计算：

$$c= \left[X \cdot A_{2930} + Y \cdot A_{2960} + Z \left(A_{3030} - \frac{A_{2930}}{F} \right) \right] \cdot \frac{V \cdot D \cdot l}{V_w \cdot L} \qquad (10-6)$$

式中：X，Y，Z，F——校正系数；

A_{2930}，A_{2960}，A_{3030}——各对应波数下测得硅酸镁吸附后滤出液的吸光度；

V——萃取溶剂定容体积，ml；

V_w——水样体积，ml；

D——萃取液稀释倍数；

l——测定校正系数时所用比色皿的光程，cm；

L——测定水样时所用比色皿的光程，cm。

（四）精密度和准确度

1.精密度

两个实验室测定石油类含量为 1.44～92.6mg/L 的炼油及石油化工废水，相对标准偏差为 1.36％～9.04％。单个实验室测定石油类含量为 0.43mg/L 的城市生活污水，相对标准偏差为 14.6％；测定石油类含量为 4.35mg/L 的食品工业废水，相对标准偏差为 8.50％。

2.准确度

单个实验室测定 100～300mg/L 的炼油厂污油，回收率为 72％～88％；测定 100～300mg/L 的成品油，回收率为 75～95％；测定 80～320mg/L 的混合烃，回收率为 95％～101％；测定石油类含量为 50.0mg/L 的人工水样，当动植物油（猪油、牛油、豆油和芝麻油）的加标量为 30.2～43.0mg/L 时，回收率为 94％～107％。

四、实验数据整理

测定数据填入表 10-1 中。

表 10 - 1 实验数据记录表

采样时间:　　年　　月　　日　　测试时间:　　年　　月　　日　　测试人:

分析编号	样品名称	水样体积(ml)	萃取定容体积 (ml)	A_{2930}	A_{2960}	A_{3030}	石油类含量(mg/L)

五、实验前应准备的问题

1. 本法以四氯化碳为萃取剂,当使用其他溶剂(如三氯三氟乙烷等)或吸附剂(如三氧化二铝 5Å 分子筛等)时需进行测定值的校正。

2. 四氯化碳有毒,操作时要谨慎小心,并在通风橱内进行。

3. 经硅酸镁吸附剂处理后,由极性分子构成的动植物油被吸附,而非极性的石油类不被吸附。某些非动植物油的极性物质(如含有—C—O、—OH 基团的极性化学品等)同时也被吸附,当水样中明显含有此类物质时可在测试报告中加以说明。

六、实验技能训练——红外分光光度计的原理与操作流程

(一) 红外分光光度计的原理

红外分光光度计即红外光谱仪,是用于研究物质分子结构和化学键特性的专用仪器。红外光谱仪一般分为两类:一种是光栅扫描的;另一种是迈克尔逊干涉仪扫描的,称为傅立叶变换红外光谱。

光栅扫描红外光谱仪因光学部件复杂、带有多种易磨损部件及受元件(色散元件和光学元件)材料限制、测量波段窄和测量精度低、需用外部标准校正等原因,目前已很少使用。傅立叶变换红外光谱具有扫描速率快、分辨率高、稳定的可重复性等特点,目前被广泛使用。

　　傅立叶变换红外光谱是利用迈克尔逊（Michelson）干涉仪将检测光（红外光）分成两束，在动镜和定镜上反射回分束器上，这两束光是宽带的相干光，会发生干涉（图10-3）。相干的红外光照射到样品上，经检测器采集，获得含有样品信息的红外干涉图数据，经过计算机对数据进行傅立叶变换后，得到样品的红外光谱图。

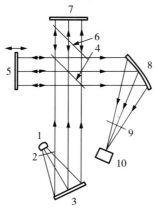

图 10-3　Michelson 干涉仪基本结构图

1—光源；2—斩光器；3—准直镜；4—分束器；5—可动镜；

6—补偿板；7—固定镜；8—聚光镜；9—光谱滤光器；10—探测器

（二）红外分光光度计的操作流程

以北京瑞利分析仪器公司 WQF—660 型傅里叶变换红外光谱仪为例。

1. 打开除湿机，开启电源除湿。

2. 更换样品舱干燥剂。

3. 开启红外光谱仪主机电源。

4. 打开计算机，同时打开打印机电源。

5. 启动红外光谱工作站，初始化并等待仪器自检。

6. 设定当次实验分析参数。

7. 运行至少 4 次背景扫描。

8. 样品测定。

9. 测定结束，按以下步骤关机：

（1）保存有用的测定数据。

（2）关闭主机电源。

（3）清理样品舱。

（4）关闭计算机和打印机。

（5）关闭总电源。

七、建议教学时数：4 学时

思考题

1. 石油类物质的特点及测定水中石油类物质的意义有哪些?

2. 红外光谱法测定石油类物质的原理和仪器是什么?

3. 正十六烷、姥鲛烷和甲苯三种物质在石油类物质测定中的作用是什么?

实验十一　水中细菌总数和大肠菌群数的测定

一、实验提要

水质的好坏对人们生活起着至关重要的作用，水的微生物学的检验，特别是肠道细菌的检验，在保证饮水安全和控制传染病上有着重要意义，同时也是评价水质状况的重要指标。国家饮用水标准规定，饮用水中大肠菌群数每升中不超过3个，细菌总数每毫升不超过100个。

（一）实验目的

1. 熟练掌握大肠杆菌群和细菌菌落总数的测定方法。

2. 通过大肠杆菌群的测定，了解大肠杆菌群的生化特性。

（二）实验原理

平板菌落计数法是将待测样品适当稀释后，其中的微生物充分分散成单个细胞，取一定量的稀释液接种到平板上，经培养，由每个单细胞生长繁殖而成的肉眼可见的菌落。统计菌数，根据稀释倍数和取样接种量即可算出样品中含的有效菌数。

细菌总数是指 1ml 或 1g 检样中所含细菌菌落的总数，所用的方法是稀释平板计数法，由于计算的是平板上形成的菌落（colony-forming unit，CFU）数，故其单位应是 CFU/g（ml）。它反映的是检样中活菌的数量。

大肠菌群，是指在 37℃、48h 内能发酵乳糖产酸、产气的兼性厌氧的革兰氏阴性无芽孢杆菌的总称，主要由肠杆菌科中四个属内的细菌组成，即埃希氏杆菌属、柠檬酸杆菌属、克雷伯氏菌属和肠杆菌属。可用多管发酵法或滤膜法进行检验。多管发酵法的原理是根据大肠菌群能发酵乳糖、产酸、产气，以及具备革兰氏阴性、无芽孢、呈杆状等有关特性，通过检验求得水中的总大肠菌群数。实验结果以最大概率数（MPN）表示。

二、仪器、试剂及材料

（一）实验仪器

1. 高压蒸气灭菌器。

2. 恒温培养箱、冰箱。

3. 生物显微镜、载玻片。

4. 酒精灯、镍铬丝接种棒。

5. 培养皿（直径 100mm）、试管（5mm×150mm）、吸管（1ml、5ml、10ml）、烧杯（200ml、500ml、2000ml）、锥形瓶（500ml、1000ml）、采样瓶。

（二）培养基及染色剂的制备

1. 乳糖蛋白胨培养液：将 10g 蛋白胨、3g 牛肉膏、5g 乳糖和 5g 氯化钠加热溶解于 1000ml 蒸馏水中，调节溶液 pH 为 7.2～7.4，再加入 1.6％溴甲酚紫乙醇溶液 1ml，充分混匀，分装于试管中，于 121℃高压灭菌器中灭菌 15min，贮存于冷暗处备用。

2. 三倍浓缩乳糖蛋白胨培养液：按上述乳糖蛋白胨培养液的制备方法配制。除蒸馏水外，各组分用量增加至三倍。

3. 品红亚硫酸钠培养基

（1）贮备培养基的制备：于 2000ml 烧杯中，先将 20～30g 琼脂加到 900ml 蒸馏水中，加热溶解，然后加入 3.5g 磷酸氢二钾及 10g 蛋白胨，混匀，使其溶解，再用蒸馏水补充到 1000ml，调节溶液 pH 至 7.2～7.4。趁热用脱脂棉或绒布过滤，再加 10g 乳糖，混匀，定量分装于 250ml 或 500ml 锥形瓶内，置于高压灭菌器中，在 121℃灭菌 15min，贮存于冷暗处备用。

（2）平皿培养基的制备：将上法制备的贮备培养基加热融化。根据锥形瓶内培养基的容量，用灭菌吸管按比例吸取一定量的 5％碱性品红乙醇溶液，置于灭菌试管中；再按比例称取无水亚硫酸钠，置于另一灭菌空试管内，加灭菌水少许使其溶解，再置于沸水浴中煮沸 10min（灭菌）。用灭菌吸管吸取已灭菌的亚硫酸钠溶液，滴加于碱性品红乙醇溶液内至深红色再退至淡红色为止（不宜加多）。将此混合液全部加入已融化的贮备培养基内，并充分混匀（防止产生气泡）。立即将此培养基适量（约 15ml）倾入已灭菌的平皿内，待冷却凝固后，置于冰箱内备用，但保存时间不宜超过两周。如培养基已由淡红色变成深红色，则不能再用。

4. 伊红美蓝培养基

（1）贮备培养基的制备：于 2000ml 烧杯中，先将 20～30g 琼脂加到 900ml 蒸馏水中，加热溶解。再加入 2g 磷酸二氢钾及 10g 蛋白胨，混合使之溶解，用蒸馏水补充至 1000ml，调节溶液 pH 值至 7.2～7.4。趁热用脱脂棉或绒布过滤，再加入 10g 乳糖，混匀后定量分装于 250ml 或 500ml 锥形瓶内，于 121℃高压灭菌 15min，贮于冷暗处备用。

（2）平皿培养基的制备：将上述制备的贮备培养基融化。根据锥形瓶内培养基的容量，用灭菌吸管按比例分别吸取一定量已灭菌的2%伊红水溶液（0.4g伊红溶于20ml水中）和一定量已灭菌的0.5%美蓝水溶液（0.065g美蓝溶于13ml水中），加入已融化的贮备培养基内，并充分混匀（防止产生气泡），立即将此培养基适量倾入已灭菌的空平皿内，待冷却凝固后，置于冰箱内备用。

5. 革兰氏染色剂

（1）结晶紫染色液：将20ml结晶紫乙醇饱和溶液（称取4～8g结晶紫溶于100ml 95%乙醇中）和80ml 1%草酸铵溶液混合、过滤。该溶液放置过久会产生沉淀，不能再用。

（2）助染剂：将1g碘与2g碘化钾混合后，加入少许蒸馏水，充分振荡，待完全溶解后，用蒸馏水补充至300ml。此溶液两周内有效。当溶液由棕黄色变为淡黄色时应弃去。为易于贮备，可将上述碘与碘化钾溶于30ml蒸馏水中，临用前再加水稀释。

（3）脱色剂：95%乙醇。

（4）复染剂：将0.25g沙黄加到10ml 95%乙醇中，待完全溶解后，加90ml蒸馏水。

三、实验内容

（一）生活饮用水及水源水大肠菌群测定步骤及方法

1. 生活饮用水

（1）初发酵实验：在两个装有已灭菌的50ml三倍浓缩乳糖蛋白胨培养液的大试管或烧瓶中（内有倒管），以无菌操作各加入已充分混匀的水样100ml。在10支装有已灭菌的5ml三倍浓缩乳糖蛋白胨培养液的试管中（内有倒管），以无菌操作加入充分混匀的水样10ml，混匀后置于37℃恒温箱内培养24h。

（2）平板分离：上述各发酵管经培养24h后，将产酸、产气及只产酸的发酵管分别接种于伊红美蓝培养基或品红亚硫酸钠培养基上，置于37℃恒温箱内培养24h，挑选符合下列特征的菌落。

① 伊红美蓝培养基上：深紫黑色，具有金属光泽的菌落；紫黑色，不带或略带金属光泽的菌落；淡紫红色，中心色较深的菌落。

② 品红亚硫酸钠培养基上：紫红色，具有金属光泽的菌落；深红色，不带或略带金属光泽的菌落；淡红色，中心色较深的菌落。

（3）取有上述特征的群落进行革兰氏染色

① 用已培养18～24h的培养物涂片，涂层要薄。

② 将涂片在火焰上加温固定，待冷却后滴加结晶紫溶液，1min后用水洗去。

③ 滴加助染剂，1min 后用水洗去。

④ 滴加脱色剂，摇动玻片，直至无紫色脱落为止（约 20～30s），用水洗去。

⑤ 滴加复染剂，1min 后用水洗去、晾干、镜检，呈紫色者为革兰氏阳性菌，呈红色者为阴性菌。

（4）复发酵实验：上述涂片镜检的菌落如为革兰氏阴性无芽孢的杆菌，则挑选该菌落的另一部分接种于装有普通浓度乳糖蛋白胨培养液的试管中（内有倒管），每管可接种分离自同一初发酵管（瓶）的最典型菌落 1～3 个，然后置于 37℃恒温箱中培养 24h，有产酸、产气者（不论倒管内气体多少皆作为产气论），即证实有大肠菌群存在。根据证实有大肠菌群存在的阳性管（瓶）数查表 11-1 "大肠菌群检数表"，报告每升水样中的大肠菌群数。

表 11-1　大肠菌数检数表［接种水样总体积 300ml（100ml 两份，10ml10 份）］

10ml 水样的阳性管数	100ml 水样的阳性管（瓶）数		
	0	1	2
	1L 水样中总大肠菌数	1L 水样中总大肠菌数	1L 水样中总大肠菌数
0	<3	4	11
1	3	8	18
2	7	13	27
3	11	18	38
4	14	24	52
5	18	30	70
6	22	36	92
7	27	43	120
8	31	51	161
9	36	60	230
10	40	69	>230

2. 水源水

（1）于各装有 5ml 三倍浓缩乳糖蛋白胨培养液的 5 个试管中（内有倒管），分别加入 10ml 水样；于各装有 10ml 乳糖蛋白胨培养液的 5 个试管中（内有倒管），分别加入 1ml 水样；再于各装有 10ml 乳糖蛋白胨培养液的 5 个试管中（内有倒管），分别加入 1ml 1:10 稀释的水样，共计 15 管，三个稀释度。将各管充分混匀，置于 37℃恒温箱内培养 24h。

（2）平板分离和复发酵实验的检验步骤同"生活饮用水检验方法"。

（二）生活饮用水中细菌菌落总数（CFU）的测定步骤及方法

（1）以无菌操作的方法，用移液管吸取 1ml 充分混匀的水样注入无菌培养皿中，倾注入约 10ml 已融化并冷却至 45℃ 左右的营养琼脂培养基，平放于桌上迅速旋摇培养皿，使水样与培养基混匀，冷凝后成平板。

（2）另取一个无菌培养皿倒入培养基冷凝成平板作空白对照。

（3）将以上所有平板倒置于 37℃ 恒温箱内培养 24h，记菌落数。

（4）用肉眼（或放大镜、菌落计数器）观察，计平板上的细菌菌落总数。记下同一浓度的五个平板的菌落总数，计算平均值，再乘以稀释倍数，即得 1ml 水样中的细菌菌落总数。

四、实验数据整理

根据证实总大肠菌群存在的阳性管数，查表 11-2"最可能数（MPN）表"，即求得每 100ml 水样中存在的总大肠菌群数。我国目前以 1L 为报告单位，故 MPN 值再乘以 10，即为 1L 水样中的总大肠菌群数。将对生活饮用水中所测得的菌落数填入表 11-3 中。

例如，某水样接种 10ml 的 5 管均为阳性；接种 1ml 的 5 管中有两管为阳性；接种 1：10 的水样 1ml 的 5 管均为阴性。从最可能数（MPN）表中查检验结果 5—2—0，得知 100ml 水样中的总大肠菌群数为 49 个，故 1L 水样中的总大肠菌群数为 49 个×10＝490 个。对污染严重的地表水和废水，初发酵实验的接种水样应作 1：10、1：100、1：1000 或更高倍数的稀释，检验步骤同"水源水"检验方法。

如果接种的水样量不是 10ml、1ml 和 0.1ml，而是较低或较高的三个浓度的水样量，也可查表求得 MPN 指数，再经式（11-1）换算成每 100ml 的 MPN 值。

$$\text{MPN 值} = \text{MPN 指数} \times \frac{10\ (\text{ml})}{\text{接种量最大的一管}\ (\text{ml})} \tag{11-1}$$

表 11-2 最大概率数（MPN）表（接种 5 管 10ml 水样、5 管 1ml 水样、5 管 1：10 水样时，不同阳性和阴性情况下 100ml 水样中总大肠菌群的最大概率数和 95％可信限值）

出现阳性管数			每 100ml 水样中总大肠菌群的最大概率数	95％可信限值	
10ml 水样	1ml 水样	1：10 水样		下限	上限
0	0	0	<2		
0	0	1	2	<0.5	7

(续表)

出现阳性管数			每 100ml 水样中	95%可信限值	
10ml 水样	1ml 水样	1:10 水样	总大肠菌群的最大概率数	下限	上限
0	1	0	2	<0.5	7
0	2	0	4	<0.5	11
1	0	0	2	<0.5	7
1	0	1	4	<0.5	11
1	1	0	4	<0.5	11
1	1	1	6	<0.5	15
1	2	0	6	<0.5	15
2	0	0	5	<0.5	13
2	0	1	7	1	17
2	1	0	7	1	17
2	1	1	9	2	21
2	2	0	9	2	21
2	3	0	12	3	28
3	0	0	8	1	19
3	0	10	11	2	25
3	1	0	11	2	25
3	1	1	14	4	34
3	2	0	14	4	34
3	2	1	17	5	46
3	3	0	17	5	46
4	0	0	13	3	31
4	0	1	17	5	46
4	1	0	17	5	46
4	1	1	21	7	63
4	1	2	26	9	78
4	2	0	22	7	67
4	2	1	26	9	78

（续表）

出现阳性管数			每 100ml 水样中	95%可信限值	
10ml 水样	1ml 水样	1：10 水样	总大肠菌群的最大概率数	下限	上限
4	3	0	27	9	80
4	3	1	33	11	93
4	4	0	34	12	93
5	0	0	23	7	70
5	0	1	34	11	89
5	0	2	43	15	110
5	1	0	33	11	93
5	1	1	46	16	120
5	1	2	63	21	150
5	2	0	49	17	130
5	2	1	70	23	170
5	2	2	94	28	220
5	3	0	79	25	190
5	3	1	110	31	250
5	3	2	140	37	310
5	3	3	180	44	500
5	4	0	130	35	300
5	4	1	170	43	190
5	4	2	220	57	700
5	4	3	280	90	850
5	4	4	350	120	1000
5	5	0	240	68	750
5	5	1	350	120	1000
5	5	2	540	180	1400
5	5	3	920	300	3200
5	5	4	1600	640	5800
5	5	5	≥2400		

表 11-3 自来水中菌落数

平板	菌落数	1ml 自来水中细菌数
1		
2		
3		
4		
5		

五、实验前应准备的问题

1. 在稀释过程中，吸取不同梯度的菌液需换用不同的吸管。

2. 每次吸取前，用移液管在菌液中吹泡使菌液充分混匀。

六、实验技能训练——微生物的染色技术

(一) 细菌的简单染色步骤

1. 涂片

取干净的载玻片于实验台上，在正面边角做个记号并滴一滴无菌蒸馏水于载玻片的中央，将接种环在火焰上烧红，待冷却后从斜面挑取少量的菌种与玻片上的水混合均匀，在载玻片上涂布成一均匀的薄层，涂布面不宜过大。

2. 干燥

最好在空气中自然晾干，为了加速干燥，可在微小火焰上方烘干。但不宜在高温下长时间烘干，否则急速失水会使菌体变形。

3. 固定

将已干燥的涂片正面向上，在微小的火焰上通过 2～3 次，加热使蛋白质凝固而固定在载玻片上。

4. 染色

在载玻片上滴加染色液，使染液铺盖涂有细菌的部位，作用时间约 1min。

5. 水洗

倾去染液，斜置载玻片，在自来水龙头下用小股水流冲洗，直至水成无色为止。

6. 吸干

将载玻片倾斜，用吸水纸吸去涂片边缘的水珠。

7. 镜检

用显微镜观察，并用铅笔绘出细菌形态图。

（二）革兰氏染色法

1. 制片

（1）涂菌：用无菌操作方法从试管中沾取菌液一环，用接种环在洁净无脂的载玻片上做一薄而均匀、直径约 1cm 的菌膜。涂菌后将接种环火焰灭菌。

（2）干燥：于空气中自然干燥，亦可把玻片置于火焰上部略加温加速干燥（温度不宜过高）。

（3）固定：目的是杀死细菌并使细菌黏附在玻片上，便于染料着色，常用加热法，即将细菌涂片面向上，通过火焰 3 次，以热而不烫为宜，防止菌体烧焦、变形。此制片可用于染色。

2. 染色

（1）初染：于制片上滴加结晶紫染液，染 1min 后，用水洗去剩余染料。

（2）滴加卢戈氏碘液，1min 后水洗。

（3）滴 95% 乙醇脱色，摇动玻片至紫色不再为乙醇脱退为止（根据涂片之厚薄需时 30s～1min）。

（4）复染：滴加石炭酸复红液复染 1min，水洗。

（5）用滤纸吸干，油镜镜检。

3. 结果

革兰氏阳性菌染成蓝紫色，革兰氏阴性菌染成淡红色。

4. 检测未知菌

用以上方法对培养皿中的未知菌进行革兰氏染色，并绘图、记录染色结果。

七、建议教学时数：4～6 学时

思考题

1. 测定水中大肠杆菌群数有何意义？为什么选用大肠杆菌作为水的卫生指标？

2. 用一根无菌移液管接种几种浓度的水样时，应从哪个浓度开始？为什么？

3. 微生物经固定后是死的还是活的？

实验十二　空气中 TSP 的采样与测定

一、实验提要

TSP 指空气中粒径小于 $100\mu m$ 颗粒物的总称，包含 PM_{10} 和 $PM_{2.5}$。随着公众环境意识的不断提高，国家已将 $PM_{2.5}$ 纳入常规空气质量监测体系，它们都是大气质量评价中的重要指标，对人类健康、植被生态和能见度等有着非常重要的直接和间接影响。目前测定都广泛采用重量法。本次实验主要讲述 TSP 的采样与测定。

（一）实验目的

1. 了解 TSP 采样器的构造及工作原理。

2. 掌握重量法测定空气中总悬浮颗粒物（TSP）的采样及测定方法。

（二）实验原理

以恒速抽取定量体积的空气，使之通过采样器中已恒重的滤膜，则空气中粒径小于 $100\mu m$ 的悬浮颗粒物，被截留在滤膜上。根据采样前、后滤膜重量之差及采样体积，计算总悬浮颗粒物的浓度。

二、仪器和材料

1. 中流量 TSP 采样器（5～30L/min），如图 12-1 所示。

2. 中流量孔口流量计：如图 12-2 所示。

图 12-1　粉尘采样器

图 12-2　孔口流量计

3. U 型管压差计：最小刻度 10Pa。

4. X 光看片机：用于检查滤膜有无缺损。

5. 分析天平（感量 0.1mg）。

6. 恒温恒湿箱：箱内空气温度 15℃～30℃，可调，箱内空气相对湿度控制在（50±5）%。

7. 超细玻璃纤维滤膜、滤膜保存袋（或盒）、镊子。

三、实验内容

1. 用孔口流量计校正采样器的流量。

2. 滤膜准备：每张滤膜使用前均需认真检查，不得使用有针孔或有任何缺陷的滤膜。采样滤膜在称量前需在恒温恒湿箱平衡 24h，平衡温度取 15℃～30℃，相对湿度 50%±5%，并在此平衡条件下迅速称量，精确到 0.1mg，记下滤膜重量 W_0。称好后的滤膜平展放在滤膜保存袋（或盒）内。

3. 采样：打开采样头顶盖，取下滤膜夹，将称量过的滤膜绒面向上，平放在支持网上，放上滤膜夹，再安好采样头顶盖，开始采样，并记下采样时间、采样时的温度 T（K）、大气压力 P（kPa）和现场采样流量 Q_1（L/min）。样品采好后，取下采样头，用镊子轻轻取出滤膜，绒面向里对折，放入滤膜保存袋（或盒）内，若发现滤膜有损坏，需重新采样。

4. 称量：将采样后的滤膜放在恒温恒湿箱中，在与空白滤膜相同的平衡条件下平衡 24h 后，用电子天平称量，精确到 0.1mg，记下采样后的滤膜重量 W_1。记录数据，按式（12-1）计算。

$$总悬浮颗粒物浓度（TSP，mg/m^3）= \frac{(W_1 - W_0) \times 10^6}{V_0} \qquad (12-1)$$

式中：W_1——采样后的滤膜重量，g；

$\quad\quad W_0$——空白滤膜重量，g；

$\quad\quad V_0$——标准状态下的采样体积，L。

四、实验数据整理

将实验数据记录于表 12-1 中。

表 12-1 空气中总悬浮颗粒物 (TSP) 的测定记录

采样温度：　　　　采样时间：　　　　采样气压：　　　　测试人：

采样时间 (min)	滤膜编号	现场采样流量 (L/min)	现场采样体积 (L)	标准采样体积 (L)	滤膜重量 (g)			TSP 浓度 (mg/m³)
					采样前	采样后	样品重量	

五、实验前应准备的问题

1. 采样器在使用前必须校准流量。

2. 采样高度应高出地面 3~5m。

3. 在含尘较多的空气中，应在开机前安装好带滤膜的采样头，否则尘粒进入机内影响气泵的运转和气路的清洁。

六、实验技能训练——DFC—3BT 粉尘采样器的使用

DFC—3BT 粉尘采样器是在原人工控制的基础上新增加了微电脑开机、关机、倒计时控制的全自动粉尘采样器。

1. 技术参数及工作条件

① 采样流量范围：5~30L/min；

② 流量误差：≤±5%；

③ 定时误差：≤±1‰；

④ 最大负压：≥15000Pa；

⑤ 充电电源：300mA（标准型）；

⑥ 电源：10V·DC、220V、50Hz·AC；

⑦ 工作温度：-25℃~45℃；

⑨ 噪声：≤60dB；

⑩ 相对湿度：≤85%；

体积：200mm×160mm×140mm。

2. DFC—3BT 粉尘采样器仪器使用

（1）采样

装好带滤膜的采样头，按压微电脑 ON/OFF（开关）键，显示屏出现"0：00"，

再按 MIN（分）选择所需时间，此键最大时间为 59min，若 59min 不够，再按压 HOUR（小时）键，此键最大时间为 15h，当时间选择好后再按压 ON/OFF 键即开机采样。采样泵工作的同时电脑进入倒计时状态，当电脑显示屏显示"0：00"时主机受电脑程序自动切断电源，1min 后显示屏中的"0：00"字符也将消失，电脑中电源也随之切断。

若要重新设定或提前关机，只要按住 ON/OFF 键 2s，则进入重新设定或关机，显示屏显示"0：00"。

（2）充电

将交流电源线分别插入仪器 220V 交流输入端充电，仪器处于关机状态，一次充足电约需 14～16h（标准充电时间）。每次充足电可连续工作或累计工作 4h 左右。

在采样时电压表所指示采样时的电池电压，在充电时所指示充电时的电池电压。充足电电压表指示为 12V 左右。

七、建议教学时数：3～4 学时

思考题

1. TSP、PM_{10} 和 $PM_{2.5}$ 测定的环境意义是什么？

2. 为什么 TSP 测定时，要求有一定的采样高度？

3. 采样后的滤膜四周白边与颗粒物边界模糊，说明什么？怎样解决？

实验十三　大气中二氧化硫的采样与测定

一、实验提要

二氧化硫（SO_2）又称亚硫酸酐，无色，有刺激性臭味，有毒，不可燃，易液化；易被湿润的黏膜表面吸收生成亚硫酸、硫酸，对眼及呼吸道黏膜有强烈的刺激作用；大量吸入可引起肺水肿、喉水肿、声带痉挛而窒息。二氧化硫是形成酸雨的主要成分之一，也是衡量环境空气质量重要的评价指标之一。

测定环境空气中二氧化硫的方法有甲醛缓冲溶液吸收-盐酸副玫瑰苯胺分光光度法（简称甲醛法）、四氯汞钾溶液吸收-盐酸副玫瑰苯胺分光光度法（简称四氯汞钾法）及定电位电解法。定电位电解法主要用于连续监测，四氯汞钾法使用了毒性较大的含汞吸收液，因此，目前多采用甲醛法测定空气中二氧化硫，且经国内 23 个实验室验证，甲醛法与四氯汞钾法的精密度、准确度、选择性和检出限相近。因此，本实验选用甲醛缓冲溶液吸收-盐酸副玫瑰苯胺分光光度法测定环境空气中的二氧化硫。

当使用 10ml 吸收液，采样体积为 30L 时，测定空气中二氧化硫的检出限为 $0.007mg/m^3$，测定下限为 $0.028mg/m^3$，测定上限为 $0.667mg/m^3$。

当使用 50ml 吸收液，采样体积为 288L，试份为 10ml 时，测定空气中二氧化硫的检出限为 $0.004mg/m^3$，测定下限为 $0.014mg/m^3$，测定上限为 $0.347mg/m^3$。

（一）实验目的

1. 熟悉大气中二氧化硫的采集方法。

2. 掌握大气采样器及吸收液采集大气样品的操作技术。

3. 学会用甲醛缓冲溶液吸收-盐酸副玫瑰苯胺分光光度法测定二氧化硫。

4. 掌握实验室常用仪器的校正方法。

（二）实验原理

二氧化硫被甲醛缓冲溶液吸收后，生成稳定的羟甲基磺酸加成化合物，在样品溶液中加入氢氧化钠使加成化合物分解，释放出的二氧化硫与副玫瑰苯胺、甲醛作用，生成紫红色化合物，用分光光度计在波长 577nm 处测量吸光度。其反应式如下：

$$CH_2O + SO_2 + H_2O \longrightarrow CH_4O_4S$$

$$CH_4O_4S + NaOH \longrightarrow 释放出 SO_2$$

$$SO_2 + PRA + CH_2O \longrightarrow 紫红色化合物$$

二、仪器、试剂及材料

（一）仪器材料

1. 可见光分光光度计。

2. 多孔玻板吸收管（图 13-1）：10ml 多孔玻板吸收管，用于短时间采样；50ml 多孔玻板吸收管，用于 24h 连续采样。

3. 恒温水浴锅：0℃～40℃，控制精度为±1℃。

4. 10ml 具塞比色管。

5. 空气采样器（图 13-2）：用于短时间采样的普通空气采样器，流量范围为 0.1～1L/min，应具有保温装置。用于 24h 连续采样的采样器应具备有恒温、恒流、计时、自动控制开关的功能，流量范围为 0.1～0.5L/min。

6. 一般实验室常用仪器。

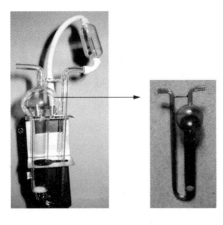

图 13-1　U 型多孔玻板吸收管

图 13-2　空气采样器

（二）实验试剂

1. 1.5mol/L 氢氧化钠（NaOH）溶液：称取 6.0g NaOH，溶于 100ml 水中。

2. 0.05mol/L 环己二胺四乙酸二钠（CDTA-2Na）溶液：称取 1.82g 反式 1，2-环己二胺四乙酸（简称 CDTA-2Na），加入 1.5mol/L 氢氧化钠溶液

6.5ml，用水稀释至 100ml。

3. 甲醛缓冲吸收贮备液：吸取 36％～38％的甲醛溶液 5.5ml，0.05mol/L CDTA-2Na 溶液 20.00ml；称取 2.04g 邻苯二甲酸氢钾，溶于少量水中；将三种溶液合并，再用水稀释至 100ml，贮于冰箱可保存 1 年。

4. 甲醛缓冲吸收液：用水将甲醛缓冲吸收贮备液稀释 100 倍。现用现配。

5. 6.0g/L 氨磺酸钠（NaH_2NSO_3）溶液：称取 0.60g 氨磺酸 [H_2NSO_3H] 置于 100ml 烧杯中，加入 4.0ml 1.5mol/L 氢氧化钠溶液，用水搅拌至完全溶解后稀释至 100ml，摇匀。此溶液密封可保存 10d。

6. 0.10mol/L 碘贮备液：称取 12.7g 碘（I_2）于烧杯中，加入 40g 碘化钾和 25ml 水，搅拌至完全溶解，用水稀释至 1000ml，贮存于棕色细口瓶中。

7. 0.05mol/L 碘溶液：量取碘贮备液 250ml，用水稀释至 500ml，贮于棕色细口瓶中。

8. 5.0g/L 淀粉溶液：称取 0.5g 可溶性淀粉于 150ml 烧杯中，用少量水调成糊状，慢慢倒入 100ml 沸水，继续煮沸至溶液澄清，冷却后贮于试剂瓶中。现用现配。

9. 0.1000mol/L 碘酸钾（1/6KIO_3）标准溶液：准确称取 3.5667g 碘酸钾（KIO_3 优级纯，经 110℃ 干燥 2h）溶于水，移入 1000ml 容量瓶中，用水稀释至标线，摇匀。

10. 1.2mol/L 盐酸（HCl）溶液：量取 100ml 浓盐酸，用水稀释至 1000ml。

11. 0.10mol/L 硫代硫酸钠（$Na_2S_2O_3$）标准贮备液：称取 25.0g 硫代硫酸钠（$Na_2S_2O_3 \cdot H_2O$），溶于 1000ml 新煮沸且已冷却的水中，加入 0.2g 无水碳酸钠，贮于棕色细口瓶中，放置一周后备用。若溶液呈现混浊，必须过滤。

12. 0.05mol/L 硫代硫酸钠标准溶液：取 250ml 硫代硫酸钠贮备液置于 500ml 容量瓶中，用新煮沸但已冷却的水稀释至标线，摇匀。

标定方法：吸取三份 10.00ml 碘酸钾标准溶液分别置于 250ml 碘量瓶中，加 70ml 新煮沸且已冷却的水，加 1g 碘化钾，振摇至完全溶解后，加 10ml 1.2mol/L 盐酸溶液，立即盖好瓶塞，摇匀。于暗处放置 5min 后，用 0.05mol/L 硫代硫酸钠标准溶液滴定溶液至浅黄色，加 2ml 5.0g/L 淀粉溶液，继续滴定至蓝色刚好褪去即为终点。硫代硫酸钠标准溶液的摩尔浓度按式（13-1）计算：

$$c_1 = \frac{0.1000 \times 10.00}{V} \qquad (13-1)$$

式中：c_1——硫代硫酸钠标准溶液的摩尔浓度，mol/L；

0.1000——碘酸钾（1/6KIO_3）标准溶液的摩尔浓度，mol/L；

10.00——碘酸钾标准溶液的体积，ml；

V——滴定所耗硫代硫酸钠标准溶液的体积，ml。

13. 0.50g/L乙二胺四乙酸二钠盐（EDTA-2Na）溶液：称取0.25g乙二胺四乙酸二钠盐溶于500ml新煮沸且已冷却的水中。现用现配。

14. 亚硫酸钠（Na_2SO_3）溶液：称取0.200g亚硫酸钠，溶于200ml 0.50g/L EDTA-2Na溶液（使用新煮沸且已冷却的水配制）中，缓慢摇匀以防充氧，使其溶解。放置2~3h后标定。此溶液每毫升相当于320~400μg二氧化硫。

标定方法：吸取三份20.00ml亚硫酸钠溶液分别置于250ml碘量瓶中，加入50ml新煮沸且已冷却的水、20.00ml 0.05mol/L碘溶液及1.0ml冰醋酸，盖塞，摇匀。于暗处放置5min后，用硫代硫酸钠标准溶液滴定溶液至浅黄色，加入2ml淀粉溶液，继续滴定至溶液蓝色刚好褪去，记录滴定硫代硫酸钠标准溶液的体积V（ml）。

另吸取三份0.50g/L EDTA-2Na溶液20ml，用同法进行空白实验。记录滴定硫代硫酸钠标准溶液的体积V_0（ml）。

平行样滴定所耗硫代硫酸钠标准溶液体积之差应大于0.04ml，取其平均值。二氧化硫标准溶液浓度按式（13-2）计算：

$$c = \frac{(V_0 - V) \times c_{NaS_2O_3} \times 32.02}{20.00} \times 1000 \qquad (13-2)$$

式中：c——二氧化硫标准溶液的质量浓度，μg/ml；

V_0——空白滴定所用硫代硫酸钠标准溶液的体积，ml；

V——样品滴定所用硫代硫酸钠标准溶液的体积，ml；

$c_{NaS_2O_3}$——硫代硫酸钠标准溶液的浓度，mol/L；

20.00——EDTA-2Na溶液的体积，ml；

32.02——二氧化硫（1/2SO_2）的摩尔质量，g/mol；

1000——单位换算系数。

标定出准确浓度后，立即用甲醛缓冲吸收液稀释为每毫升10.00μg二氧化硫的标准溶液贮备液。临用时再用甲醛缓冲吸收液稀释为每毫升1.00μg二氧化硫标准溶液。在冰箱中5℃保存。10.00μg/ml的二氧化硫的标准溶液贮备液可稳定6个月；1.00μg/ml的二氧化硫的标准溶液可稳定1个月。

15. 0.50g/L副玫瑰苯胺溶液：吸取25.00ml经过提纯的2.0g/L盐酸副玫瑰苯胺（简称PRA，即副品红或对品红）贮备液于100ml容量瓶中，加30ml 85%的浓磷酸、12ml浓盐酸，用水稀释至标线，摇匀，放置过夜后使用。避光密封保存。

16. 盐酸-乙醇清洗液：由三份（1+4）盐酸和一份95%乙醇混合配制而成，

用于清洗比色管和比色皿。

说明：本实验所用试剂除非另有说明，分析时均使用符合国家标准的分析纯试剂，实验用水为新制备的蒸馏水或同等纯度的水。

三、实验内容

(一)样品采集

1. 短时间采样：采用内装 5ml 或 10ml 甲醛缓冲吸收液的 U 型多孔玻板吸收管，以 0.5L/min 的流量采气 45～60min。采样时吸收液温度应保持在 23℃～29℃范围内。

2. 24h 连续采样：用内装 50ml 吸收液的多孔玻板吸收瓶，以 0.2～0.3L/min 的流量连续采样 24h。

3. 现场空白：将装有吸收液的采样管带到采样现场，除了不采气之外，其他环境条件与样品相同。

注：样品采集、运输和储存过程中应避免阳光直射；放置于室内的 24h 连续采样器，进气口应连接符合要求的空气质量集中采样管路系统，以减少二氧化硫进入吸收瓶前的损失。当气温高于 30℃时，采集的样品当天若不测定，可将样品溶液存入冰箱。

(二)实验步骤

1. 标准曲线的绘制

取 14 支 10ml 具塞比色管，分 A、B 两组，每组 7 支，分别对应编号。A 组按表 13-1 配制标准系列：

表 13-1 二氧化硫标准系列

管号	0	1	2	3	4	5	6
二氧化硫标准溶液（ml）	0	0.50	1.00	2.00	5.00	8.00	10.00
甲醛缓冲吸收液（ml）	10.00	9.50	9.00	8.00	5.00	2.00	0
二氧化硫含量（μg）	0	0.50	1.00	2.00	5.00	8.00	10.00

在 A 组各管中分别加入 0.5ml 氨磺酸钠溶液和 0.5ml 1.5mol/L 氢氧化钠溶液，混匀。在 B 组各管中分别加入 1.00ml PRA 溶液。将 A 组各管的溶液迅速地全部倒入对应编号并盛有 PRA 溶液的 B 管中，立即加塞混匀后放入恒温水浴装置中显色。显色温度与室温之差不应超过 3℃，根据季节和环境条件按表13-2选择合适的显色温度与显色时间。

表 13 - 2　显色温度与显色时间

显色温度（℃）	10	15	20	25	30
显色时间（min）	40	25	20	15	5
稳定时间（min）	35	25	20	15	10
试剂空白吸光度 A_0	0.03	0.035	0.04	0.05	0.06

在波长 577nm 处，用 10mm 比色皿，以水为参比测量吸光度。以空白校正后各管的吸光度为纵坐标，以二氧化硫含量（μg）为横坐标，用最小二乘法建立校准曲线的回归方程：

$$y = bx + a \qquad (13 - 3)$$

式中：y——校准溶液吸光度 A 与试剂空白吸光度 A_0 之差，即 $y = A - A_0$；

　　　x——二氧化硫含量，μg；

　　　b——回归方程的斜率，其倒数为校正因子 B_s；

　　　a——回归方程的截距，一般要求小于 0.005。

2. 样品测定

（1）样品溶液中若有浑浊物，则应离心分离除去。

（2）样品采集后需放置 20min，使得样品中的臭氧分解。

（3）短时间采集的样品：将吸收管中的样品溶液移入 10ml 比色管中，用少量甲醛吸收液洗涤吸收管，并稀释至标线。加入 0.5ml 氨磺酸钠溶液，混匀，放置 10min 以除去氮氧化物的干扰。以下步骤同校准曲线的绘制。

（4）连续 24h 采集的样品：将吸收瓶中样品溶液移入 50ml 容量瓶（或比色管）中，用少量甲醛吸收液洗涤吸收瓶，并稀释至标线。吸取适当体积的试样（视浓度高低而决定取 2～10ml）于 10ml 比色管中，再用甲醛吸收液稀释至标线，加入 0.5ml 氨磺酸钠溶液，混匀，放置 10min 以除去氮氧化物的干扰，以下步骤同校准曲线的绘制。

3. 结果表示

空气中二氧化硫的浓度按式（13-4）计算：

$$\rho \, (SO_2, \, mg/m^3) = \frac{(A - A_0) \times B_s}{V_s} \times \frac{V_t}{V_a} \qquad (13 - 4)$$

式中：A——样品溶液的吸光度；

　　　A_0——试剂空白溶液的吸光度；

　　　B_s——校正因子（$1/b$），μg SO$_2$/12ml/A；

　　　V_t——样品溶液总体积，ml；

V_a——测定时所取样品溶液体积，ml；

V_s——换算成标准状态下（0℃，101.325kPa）的采样体积，ml。

四、实验数据整理

将实验数据记录如下：

表 13-3 二氧化硫标准曲线回归结果

管号	0	1	2	3	4	5	6
二氧化硫标准溶液（ml）	0	0.50	1.00	2.00	5.00	8.00	10.00
甲醛缓冲吸收液（ml）	10.00	9.50	9.00	8.00	5.00	2.00	0
二氧化硫含量（μg）	0	0.50	1.00	2.00	5.00	8.00	10.00
回归方程							
相关系数 r							
校正因子 B_s							

五、实验前应准备的问题

1. 采样时吸收液的温度在 23℃～29℃时，吸收效率为 100%；10℃～15℃时，吸收效率为 95%；高于 33℃或低于 9℃时，吸收效率为 90%。

2. 每批样品至少测定两个现场空白。即把装有吸收液的采样管带到采样现场，除了不采气之外，其他环境条件与样品相同。进行 24h 连续采样时，进气口为倒置的玻璃或聚乙烯漏斗，以防止雨、雪进入。

3. 当空气中二氧化硫浓度高于测定上限时，可以适当减少采样体积或者减少试样的体积。

4. 如果样品溶液的吸光度超过标准曲线的上限，可用试剂空白液稀释，在数分钟内再测定吸光度，但稀释倍数不要大于 6。

5. 用过的比色管和比色皿应及时用酸洗涤，否则红色难于洗净。具塞比色管用（1+1）盐酸溶液洗涤，比色皿用（1+4）盐酸加 1/3 乙醇的混合液浸洗。

6. 显色温度低，显色慢，稳定时间长；显色温度高，显色快，稳定时间短。操作人员必须了解显色温度、显色时间和稳定时间的关系，严格控制反应条件。

7. 测定样品时的温度与绘制校准曲线时的温度之差不应超过 2℃。

8. 在给定条件下校准曲线斜率应为 0.042±0.004，试剂空白吸光度 A_0 在显色规定条件下波动范围不超过±15%。

9. 六价铬能使紫红色络合物褪色，使测定结果偏低，故应避免用硫酸-铬酸洗液洗涤玻璃器皿。若已用硫酸-铬酸洗液洗涤过，则需用（1+1）盐酸溶液浸洗 1h，再用水充分洗涤，烘干备用。

10. 氢氧化钠固体试剂及溶液易吸收空气中二氧化硫，使试剂空白值升高，应密封保存。显色用各试剂溶液配制后最好分装成小瓶使用，操作中注意保持各溶液的纯净，防止"交叉污染"。

11. 在分析环境空气样品时，PRA 溶液的纯度对试剂空白液的吸光度影响很大，需对 PRA 进行提纯或使用精制的商品 PRA 试剂，以降低试剂空白值。提纯方法如下：取正丁醇和 1mol/L 盐酸溶液各 500ml，放入 1000ml 分液漏斗中盖塞振摇 3min，使其相互溶解并达到平衡，静置 15min，待完全分层后，将下层水相（盐酸溶液）和上层有机相（正丁醇）分别转入试剂瓶中备用。称取 0.100g 副玫瑰苯胺放入小烧杯中，加平衡过的 1mol/L 盐酸溶液 40ml，用玻璃棒搅拌至完全溶解后，转入 250ml 分液漏斗中，再用平衡过的正丁醇 80ml 分数次洗涤小烧杯，洗液并入分液漏斗中。盖塞，振摇 3min，静置 5min，待完全分层后，将下层水相转入另一 250ml 分液漏斗中，再加 80ml 平衡过的正丁醇，按上述操作萃取。按此操作每次用 40ml 平衡过的正丁醇重复萃取 9～10 次后，将下层水相滤入 50ml 容量瓶中，并用 1mol/L 盐酸溶液稀释至标线，混匀。此 PRA 贮备液浓度约为 0.20%，呈橘黄色。

六、实验技能训练——实验室常用分析仪器的校准

一般来说，仪器校准和使用不当是产生误差的主要原因。目前，分析仪器在实验室分析中占有重要的地位，分析仪器的准确与否，直接影响着分析结果的准确性和可靠性。因此，如何定期对分析仪器进行校准与检查，确保分析仪器始终处在良好稳定的工作状态是非常重要的。下面以实验室常用的电子天平及容量器皿为例，介绍一下仪器的校正方法。

（一）电子天平的校准——以上海（FA 系列）电子天平为例

电子天平在长时间未用或第一次使用前都要进行校准，否则就会导致测量误差较大。电子天平一般称量偏差不要超过 10 个 d（d 表示电子天平的精度）。称量值与砝码的标准值差为正负 5 个 d 时应该校准，或者天平移动位置，天气温差变化等都应该积极地做校准。电子天平的校准方法主要包括内较和外校。

1. 内校

（1）将天平调至水平状态；

（2）天平预热 40min；

（3）使天平空载并稳定地显示零位；

（4）按动天平的"CAL"键；

(5) 天平显示"CAL100"且 100 不断闪动（也可能不是 100，视显示值而定）；

(6) 放一个与显示值相同的校准砝码；

(7) 等待几秒，天平显示"…………"水平线段符号；

(8) 稍后天平显示零位，表示校准完成；

(9) 取下砝码使天平处于备用状态。

2. 外校

(1) 将天平调至水平状态；

(2) 天平预热 40min；

(3) 使天平空载并稳定地显示零位；

(4) 按天平控制杆，直至显示器显示"CAL"时松开控制杆；

(5) 等待几秒后天平显示"200"且 200 字样不停闪动（也可能不是 200，视显示值而定）；

(6) 放一个与显示值相同的校准砝码；

(7) 等待几秒天平显示"…………"；

(8) 稍后天平显示"200.0000"；

(9) 取下 200g 校正砝码；

(10) 天平显示零位，校准完毕。

（二）容量器皿的校准

容量器皿的容积与它所标出的数值并非都十分准确地相符，因此在进行准确度要求较高的分析工作时，必须对所使用的量器进行校准。容量的基本单位应是立方分米（dm³），即升（L）。1L 是指在 101325Pa（1atm）下，质量为 1kg 的水在温度为 3.98℃（此时水密度最大）时所占的容积。一般情况下，我们通常以 20℃作为标准温度。校正的方法是称量一定容积的水，然后根据该温度时水的密度，将水的质量换算成容积。由于水的密度和玻璃容器的体积会随温度的变化而改变，以及在空气中称量有空气浮力的影响，因此将任一温度下水的质量换算成容积时必须考虑以下几个因素：校准温度下水的密度、校准温度与标准温度之间玻璃的热膨胀、空气浮力对水和所用容器的影响。实验室常用的容量器皿主要有容量瓶、移液管、刻度吸管、滴定管、量筒及量杯等。具体的校正方法大同小异，现以容量瓶为例，其校正的步骤为：

1. 将待校正的清洁、干燥的容量瓶恒重，称重。

2. 测量纯化水的温度（可将纯化水放置仪器室 1h 以上，仪器室室温即为纯化水的温度，读数应准确到 0.1℃），将纯化水注入容量瓶标线处（一般为满刻度处），称重。

注：纯化水为饮用水经蒸馏法、离子交换法、反渗透法或其他适宜的方法制得的供药用的水，不含任何添加剂。实验中可用相当纯度的水代替。

3. 根据纯化水的温度，查出该温度下水的密度，计算该温度下，该容量瓶标示刻度体积的水的质量，并称重，视水液的弯月面是否与刻度线吻合。

4. 校正刻度线：若与刻度线不符合，可用纸条与水液的弯月面成切线贴成圆圈，然后倒去容量瓶中水，在纸圈上、下涂以石蜡薄层，再沿纸圈用别针刻一圆圈，涂上氢氟酸，几分钟后洗去过量的氢氟酸，并除去石蜡及纸圈，即见容量瓶上的新刻度。

5. 重复 1 和 2 步骤，取平均值计算容量瓶体积，算出允许误差（即允差），并填于表 13-4 中。

表 13-4　标准温度（20℃）时标准容量允差（±ml）

容量V (ml)	微量、无/具塞滴定管		吸量管							容量瓶		量筒		量杯
			单标线管		有/无分度二标线管									
					完全流出式		不完全流出式		吹出式					
	A级	B级	A级	B级	A级	B级	A级	B级		A级	B级	量入式	量出式	
2000	—	—	—	—	—	—	—	—	—	0.60	1.20	10.0	20.0	—
1000	—	—	—	—	—	—	—	—	—	0.40	0.80	2.0	10.0	10.0
500	—	—	—	—	—	—	—	—	—	0.25	0.50	2.5	5.0	6.0
250	—	—	—	—	—	—	—	—	—	0.15	0.30	1.0	2.0	3.0
200	—	—	—	—	—	—	—	—	—	0.15	0.30			
100	0.10	0.20	0.080	0.160						0.10		0.5	1.0	1.5
50	0.05	0.10	0.050	0.100	0.100	0.200	0.100	0.200		0.05	0.10	0.25	0.5	1.0
40					0.100	0.200	0.100	0.200						
25	0.05	0.10	0.030	0.060	0.100	0.200	0.100	0.200		0.03	0.06	0.25	0.5	—
20	—		0.030	0.060	—	—	—	—						0.5
15	—		0.025	0.050	—	—								
10	0.025	0.05	0.020	0.040	0.050	0.100	0.050	0.100	0.100	0.02	0.04	0.1	0.2	0.4

（续表）

容量V（ml）	微量、无/具塞滴定管		吸量管							容量瓶		量筒		量杯
			单标线管		有/无分度二标线管									
					完全流出式		不完全流出式		吹出式					
	A级	B级	A级	B级	A级	B级	A级	B级		A级	B级	量入式	量出式	
5	0.01	0.02	0.015	0.030	0.025	0.050	0.025	0.050	0.050	0.02	0.04	0.05	0.1	0.2
4			0.015	0.030										
3			0.015	0.030										
2	0.01	0.02	0.010	0.020	0.012	0.025	0.012	0.025	0.025					
1	0.01	0.02	0.007	0.015	0.008	0.015	0.008	0.015	0.015					
0.5	—	—	—	—	—	—	0.010	0.010						
0.25	—	—	—	—	—	—	0.005	0.008						
0.20	—	—	—	—	—	—	0.005	0.006						
0.10	—	—	—	—	—	—	0.003	0.004						

注：参考 GB 12803～12808—91，GB/T 12809～12810—91。

（三）注意事项

1. 使用时与校正同（起始、流速、读数方法）。

2. 需校正的容量仪器必须洗净至不挂水珠。

3. 校正用的纯水，必须提前1h放天平室，使温度恒定。

4. 校正时用的小锥形瓶要轻些，不要超过50g，瓶口不要沾上水，瓶外需干燥。

5. 校正时，两次测量值不得超过容量允差的1/4，取两次平均值。

6. 在校正滴定管前，必须检查是否漏水，酸式滴定管的玻璃塞是否旋转自如。

7. 滴定管放水速度不宜过快，放完需稍停后，再读取容量。

8. 校正容量瓶时，空瓶必须干燥，再分别加水两次称量。进行校正时刻度上方如有水，必须用滤纸吸干。

9. 移液管放完水，管与杯壁成30°角，二者不能有相对移动，约等待3s后移开（无等待时间者），有等待时间的按规定等待后移开。

七、建议教学时数：4～6 学时

思考题

1. 实验过程中存在哪些干扰？应该如何消除？

2. 多孔玻板吸收管的作用是什么？

3. 在北方什么季节空气污染较重？一天当中什么时间污染最重？

4. 测定一次结果能否代表日平均浓度？假如你测定的结果是日平均浓度，达到哪一级大气质量标准？

实验十四　大气中二氧化氮的采样与测定

一、实验提要

空气中的氮氧化物（NO_x）以 NO、NO_2、N_2O_3、N_2O_4、N_2O_5 等多种形态存在，其中 NO 和 NO_2 是主要存在形态。它们主要来源于化石燃料高温燃烧和化工生产排放的废气及汽车尾气。

NO 为无色、无臭、微溶于水的气体，在空气中易被氧化成 NO_2。NO_2 为棕红色具有强烈刺激性气味的气体，毒性比 NO 高 4 倍，是引起支气管炎、肺损伤等疾病的有害物质。对于大气中 NO_2 的测定常用方法有盐酸萘乙二胺分光光度法、化学发光分析法及原电池库仑滴定法等。本实验学习用盐酸萘乙二胺分光光度法测定空气中的二氧化氮。

（一）实验目的

1. 掌握环境空气中二氧化氮的采样方法。

2. 掌握 Saltzman 法测定空气中二氧化氮的原理与方法。

（二）实验原理

空气中 NO_2 常用盐酸萘乙二胺分光光度法（HJ 479—2009）来测定，测定时可直接用溶液吸收法采集大气样品，吸收液吸收后首先生成亚硝酸与硝酸。其中亚硝酸与对氨基苯磺酸发生重氮化反应，再与 N-（1-萘基）乙二胺盐酸盐作用，生成紫红色偶氮染料，根据颜色深浅于波长 540～545nm 处测定吸光度。因为 NO_2（气）不是全部转化为 NO_2^-（液），故在计算结果时应除以转换系数（称为 Saltzman 实验系数，用标准气体通过实验测定）。

方法检出限为 $0.12\mu g/10ml$，当吸收液体积为 10ml、采样体积为 24L 时，二氧化氮的最低检出浓度为 $0.005mg/m^3$。

采样、样品运输及存放过程中应避免阳光照射，气温超过 25℃ 时长时间运输及存放样品应采取降温措施。

空气中臭氧浓度超过 $0.25mg/m^3$ 时，使吸收液略显红色，对二氧化氮的测定产生负干扰。采样时在吸收瓶入口端串接一段 15～20cm 长的硅胶管，即可排除干扰。

二、仪器、试剂及材料

(一) 仪器材料

1. 多孔玻板吸收管 (装 10ml 吸收液型),如图 13-1 所示。
2. 便携式空气采样器 (流量范围 0~1L/min),如图 13-2 所示。
3. 分光光度计 721N、722S。

(二) 试剂

所用试剂除亚硝酸钠为优级纯 (一级) 外,其他均为分析纯。所用水为不含亚硝酸根的二次蒸馏水,用其配制的吸收液以水为参比的吸光度不超过 0.005 (540nm,10mm 比色皿)。

1. N-(1-奈基) 乙二胺盐酸盐贮备液:称取 0.50g N-(1-萘基) 乙二胺盐酸盐 [$C_{10}H_7NH(CH_2)_2NH_2 \cdot 2HCl$] 于 500ml 容量瓶中,用水稀释至刻度。此溶液贮于密闭棕色瓶中冷藏,可稳定三个月。

2. 显色液:称取 5.0g 对氨基苯磺酸 ($NH_2C_6H_4SO_3H$) 溶解于约 200ml 40℃~50℃ 热水中,冷至室温后转移至 1000ml 容量瓶中,加入 50.0ml N-(1-萘基) 乙二胺盐酸盐贮备液和 50ml 冰乙酸,用水稀释至标线。此溶液贮于密闭的棕色瓶中,25℃ 以下暗处存放可稳定三个月。若呈现淡红色,应弃之重配。

3. 吸收液:使用时将显色液和水按 (4+1) (V/V) 比例混合而成。

4. 亚硝酸钠标准贮备液:称取 0.3750g 优级纯亚硝酸钠 ($NaNO_2$) (预先在干燥器内放置 24h),溶于水,移入 1000ml 容量瓶中,用水稀释至标线。此标液每毫升含 250μg NO_2^-,贮于棕色瓶中于暗处存放,可稳定三个月。

5. 亚硝酸钠标准使用溶液:吸取亚硝酸钠标准贮备液 1.00ml 于 100ml 容量瓶中,用水稀释至标线。此溶液每毫升含 2.5μg NO_2^-,在临用前配制。

三、实验内容

(一) 校准曲线的绘制

取 6 支 10ml 具塞比色管,按表 14-1 中的参数和方法配制 NO_2^- 标准溶液色列。

表 14-1　NO_2^- 标准溶液色列

管号	0	1	2	3	4	5
标准使用液 (ml)	0	0.40	0.80	1.20	1.60	2.00
水 (ml)	2.00	1.60	1.20	0.80	0.40	0
显色液 (ml)	8.00	8.00	8.00	8.00	8.00	8.00
NO_2^- 浓度 (μg/ml)	0	0.10	0.20	0.30	0.40	0.50

将各管溶液混匀，于暗处放置 20min（室温低于 20℃时放置 40min 以上），用 10mm 比色皿于波长 540nm 处以水为参比测量吸光度，扣除试剂空白溶液吸光度后，用最小二乘法计算标准曲线的回归方程 $y=bx+a$（y 为吸光度，x 为 NO_2^- 浓度）。

（二）采样

吸取 10.0ml 吸收液于多孔玻板吸收管中，标记吸收液液面位置，将其球泡端连接空气采样器，以 0.4L/min 流量采气 4～24L。在采样的同时，应记录现场温度和大气压力，同时将数据记录于表 14-2 中。

（三）样品测定

采样后于暗处放置 20min（室温低于 20℃时放置 40min 以上）后，用水将吸收管中吸收液的体积补充至标线，混匀，按照绘制标准曲线的方法和条件测量试剂空白溶液和样品溶液的吸光度。

如果样品的吸光度超过标准曲线的上限，应用空白实验溶液稀释，再测量其吸光度。

（四）注意事项

1. 采样、样品运输过程及存放过程中应避免阳光照射。

2. 气温超过 25℃时，长时间运输和存放样品应采取降温措施。采样后的样品，30℃暗处存放可稳定 8h；20℃暗处存放可稳定 24h；0℃～4℃冷藏至少可稳定 3d。

四、实验数据整理

表 14-2　现场采样记录表

记录人：　　　　　　　　　　　　　　时间：

样　号	采样地点	温度/压力	采样流量（L/min）	采样时间
1				
2				
3				

将测得的样品及空白吸收液的吸光度按式（14-1）计算空气中 NO_2 的浓度，并将结果填入表 14-3。

$$c_{NO_2} = \frac{(A-A_0-a) \times V \times D}{b \times f \times V_0} \tag{14-1}$$

式中：c_{NO_2}——空气中 NO_2 的浓度，mg/m^3；

　　　A，A_0——分别为样品溶液和试剂空白溶液的吸光度；

b，a——分别为标准曲线的斜率（吸光度·ml/μg）和截距；

V——采样用吸收液体积，ml；

V_0——换算为标准状态（273K、101.3kPa）下的采样体积，L；

D——样品的稀释倍数；

f——Saltzman 实验系数，0.88（空气中 NO_2 浓度高于 0.720mg/m³ 时取 0.77）。

表 14-3 样品分析数据记录表

样号	样品吸光度	采样体积（L）	标准态气样体积（L）	空气中 NO_2 的浓度（mg/m³）
1				
2				
3				

五、实验前应准备的问题

连接本次吸收管前，可先连接加入同样量蒸馏水的吸收管进行流量调节，调至所需流量后，换上采样吸收管，再开启采样器，微调流量计。

六、实验技能训练——吸收瓶的检查

（一）玻板阻力及微孔均匀性检查

新的多孔玻板吸收瓶在使用前应用（1＋1）HCl 浸泡 24h 以上，用清水洗净，每支吸收瓶在使用前或使用一段时间以后应测定其玻板阻力，检查通过玻板后气泡分散的均匀性。阻力不符合要求和气泡分散不均匀的吸收瓶不宜使用。

内装 10ml 吸收液的多孔玻板吸收瓶，以 0.4L/min 流量采样时，玻板阻力为 4kPa～5kPa，通过玻板后的气泡应分散均匀。

内装 50ml 吸收液的大型多孔玻板吸收瓶，以 0.2L/min 流量采样时，玻板阻力为 5kPa～6kPa，通过玻板后的气泡应分散均匀。

（二）采样效率的测定

吸收瓶在使用前和使用一段时间以后，应测定其采样效率。将两支各装入 10.0ml 吸收液的吸收瓶串联，以 0.4L/min 流量采集环境空气，当第一支吸收瓶中 NO_2^- 浓度约为 0.4μg/ml 时，停止采样。于暗处放置 20min（室温低于 20℃时放置 40min 以上），用 10mm 比色皿于波长 540nm 处以水为参比测量前后两支吸收瓶中样品的吸光度，按式（14-2）计算第一支吸收瓶的采样效率：

$$E = \frac{c_1}{c_1 + c_2} \qquad\qquad (14 - 2)$$

式中：c_1，c_2——分别为串联的第一支和第二支吸收瓶中 NO_2^- 的浓度，$\mu g/ml$。

采样效率 E 低于 0.97 的吸收瓶不宜使用。

七、建议教学时数：4 学时

思考题

1. 多孔玻板吸收瓶中的玻板有何作用？

2. 进行大气采样时如何确定合适的空气采样量？

3. 如果要分别测定大气中的 NO_x（NO_1、NO_2······），应该如何采样操作？

实验十五　室内空气中甲醛的采样与测定 AHMT 分光光度法

一、实验提要

甲醛（HCHO），无色气体，易溶于水和乙醇。甲醛是室内空气污染的代表物之一，是一种挥发性有机物，有致癌性，甲醛对人体健康的影响主要表现在嗅觉异常、刺激、过敏、肺功能异常及免疫功能异常等方面。

室内空气质量标准规定甲醛的最高允许含量为 $0.10mg/m^3$。

空气中甲醛的测定方法主要有 AHMT 分光光度法（GB/T 16129）、乙酰丙酮分光光度法、酚试剂分光光度法、气相色谱法、电化学传感器法等。

（一）实验目的

1. 掌握室内空气中甲醛的采样方法。

2. 了解室内空气中甲醛的测定方法，掌握 AHMT 分光光度法测定甲醛的方法。

（二）实验原理

空气中甲醛与 4 -氨基- 3 -联氨- 5 -巯基- 1，2，4 -三氮杂茂在碱性条件下缩合，然后经高碘酸钾氧化成 6 -巯基- 5 -三氮杂茂［4，3 - b］- S -四氮杂苯紫红色化合物，其色泽深浅与甲醛含量成正比。

AHMT 分光光度法测定范围为 2ml 样品溶液中含 $0.2\sim3.2\mu g$ 甲醛。若采样流量为 1L/min，采样体积为 20L，则测定浓度范围为 $0.01\sim0.16mg/m^3$。

测定甲醛时，乙醛、丙醛、正丁醛、丙烯醛、丁烯醛、乙二醛、苯（甲）醛、甲醇、乙醇、正丙醇、正丁醇、仲丁醇、异丁醇、异戊醇、乙酸乙酯无影响；二氧化硫共存时，使测定结果偏低。因此对二氧化硫干扰不可忽视，可将气样先通过硫酸锰滤纸过滤器，予以排除。

二、仪器、试剂及材料

（一）仪器材料

1. 空气采样器：流量范围 $0\sim1L/min$。

2. 气泡吸收管：容量 10ml，棕色。

3. 10ml 具塞比色管。

4. 可见光分光光度计。

（二）试剂

1. 吸收液：称取 1g 三乙醇胺、0.25g 偏重亚硫酸钠和 0.25g 乙二胺四乙酸二钠溶于水中并稀释至 1000ml。

2. 0.5% 4-氨基-3-联氨-5-巯基-1，2，4-三氮杂茂（简称 AHMT）溶液：称取 0.25g AHMT 溶于 0.5mol/L 盐酸中，并稀释至 50ml。此试剂置于棕色瓶中，可保存半年。

3. 5mol/L 氢氧化钾溶液：称取 28.0g 氢氧化钾溶于 100ml 水中。

4. 1.5% 高碘酸钾溶液：称取 1.5g 高碘酸钾溶于 0.2mol/L 氢氧化钾溶液中，并稀释至 100ml，于水浴上加热溶解，备用。

5. 0.1000mol/L 碘溶液：称量 40g 碘化钾，溶于 25ml 水中，加入 12.7g 碘。待碘完全溶解后，用水定容至 1000ml。移入棕色瓶中，暗处贮存。

6. 1mol/L 氢氧化钠溶液：称量 40g 氢氧化钠，溶于水中，并稀释至 1000ml。

7. 0.5mol/L 硫酸溶液：取 28ml 浓硫酸缓慢加入水中，冷却后，稀释至 1000ml。

8. 硫代硫酸钠标准溶液 [c（$Na_2S_2O_3$）＝0.1000mol/L]：可购买标准试剂配制。

9. 0.5% 淀粉溶液：将 0.5g 可溶性淀粉，用少量水调成糊状后，再加入 100ml 沸水，并煮沸 2～3min 至溶液透明。冷却后，加入 0.1g 水杨酸或 0.4g 氯化锌保存。

10. 甲醛标准贮备溶液：取 2.8ml 质量分数为 36%～38% 甲醛溶液，放入 1L 容量瓶中，加 0.5ml 硫酸并用水稀释至刻度，摇匀。此溶液 1ml 含约 1mg 甲醛。准确浓度用碘量法标定。

甲醛标准贮备溶液的标定：量取 20.00ml 甲醛标准贮备溶液，置于 250ml 碘量瓶中。加入 20.00ml 0.0500mol/L 碘溶液和 15ml 1mol/L 氢氧化钠溶液，放置 15min。加入 20ml 0.5mol/L 硫酸溶液，再放置 15min，用 0.1000mol/L 硫代硫酸钠溶液滴定，至溶液呈现淡黄色时，加入 1ml 0.5% 淀粉溶液，继续滴定至刚使蓝色消失为终点，记录所用硫代硫酸钠溶液体积。同时用水作试剂空白滴定。甲醛溶液的浓度用式（15-1）计算：

$$c=\frac{(V_1-V_2)\times M\times 15}{20} \tag{15-1}$$

式中：c——甲醛标准贮备溶液中甲醛浓度，mg/ml；

　　　V_1——滴定空白时所用硫代硫酸钠标准溶液体积，ml；

　　　V_2——滴定甲醛溶液时所用硫代硫酸钠标准溶液体积，ml；

　　　M——硫代硫酸钠标准溶液的摩尔浓度，mol/L；

　　　.15——甲醛的当量；

　　　20——所取甲醛标准溶液的体积，ml。

取上述标准溶液稀释 10 倍作为贮备液，此溶液置于室温下可使用 1 个月。

11. 甲醛标准使用溶液：用时取上述甲醛贮备液，用吸收液稀释成 1.00ml 含 2.00μg 甲醛。

三、实验内容

（一）标准曲线的测定

取 7 支 10ml 具塞比色管，按表 15-1 制备标准色列管。

表 15-1　甲醛标准色列管

管　号	0	1	2	3	4	5	6
甲醛标准溶液（ml）	0.0	0.1	0.2	0.4	0.8	1.2	1.6
吸收溶液（ml）	2.0	1.9	1.8	1.6	1.2	0.8	0.4
甲醛含量（μg）	0.0	0.2	0.4	0.8	1.6	2.4	3.2

各管加入 1.0ml 5mol/L 氢氧化钾溶液、1.0ml 0.5% AHMT 溶液，盖上管塞，轻轻颠倒混匀三次，放置 20min。加入 0.3ml 1.5% 高碘酸钾溶液，充分振摇，放置 5min。用 10mm 比色皿，在波长 550nm 下，以水作参比，测定各管吸光度。

（二）采样

用一个吸收管，加入 5ml 吸收液，标记吸收液液面位置，以 1.0L/min 流量，采气 20L，并记录采样时的温度和大气压力。进行室内空气采样应避开通风口，距墙壁距离应大于 0.5m，高度在 0.5~1.5m 之间。

（三）样品测定

采样后，补充吸收液到采样前的体积。准确吸取 2ml 样品溶液于 10ml 比色管中，按制作标准曲线的操作步骤测定吸光度。

在每批样品测定的同时，用 2ml 未采样的吸收液，按相同步骤作试剂空白值测定。

四、实验数据整理

(一) 校准曲线的绘制

表 15 - 2　甲醛标准曲线测定结果

比色管序号	0	1	2	3	4	5	6
甲醛含量（μg）	0.0	0.2	0.4	0.8	1.6	2.4	3.2
吸光度							
校正吸光度							
回归方程			相关系数 r				

将标准色列测得的吸光度扣除试剂空白（零浓度）的吸光度，得到校准吸光度 y 值。以甲醛含量 x（μg）为横坐标，校准吸光度 y 为纵坐标，绘制标准曲线，并计算回归方程式。

$$y = bx + a$$

式中：b——校准曲线的斜率；

a——校准曲线的截距。

以斜率的倒数作为样品测定计算因子 B_s（μg/吸光度）$= 1/b$。

(二) 实验结果计算

1. 将采样体积按式（15 - 2）换算成标准状态下的采样体积

$$V_0 = V_t \times \frac{T_0}{273 + t} \times \frac{P}{P_0} \tag{15 - 2}$$

式中：V_0——标准状态下的采样体积，L；

V_t——采样体积，V_t = 采样流量（L/min）× 采样时间（min）；

t——采样点的气温，℃；

T_0——标准状态下的绝对温度，273K；

P——采样点的大气压力，kPa；

P_0——标准状态下的大气压力，101kPa。

2. 空气中甲醛浓度按式（15 - 3）计算

$$c = \frac{(A - A_0 - a) \times B_s}{V_0} \times \frac{V_1}{V_2} \tag{15 - 3}$$

式中：c——空气中甲醛浓度，mg/m³；

A——样品溶液的吸光度；

A_0——空白溶液的吸光度；

a——标准曲线截距；

B_s——计算因子，由所绘标准曲线得到（μg/吸光度值）；

V_0——标准状态下的采样体积，L；

V_1——采样时吸收液体积，ml；

V_2——分析时取样品体积，ml。

五、实验前应准备的问题

1. 预习实验报告中列出测定甲醛的实验步骤，分析影响测定准确度的因素，在实验操作中加以重点控制。

2. 甲醛标准使用液应在临用时配制使用，比色时溶液倾入比色皿后注意赶尽微细气泡。

六、实验技能训练——硫酸锰滤纸的制备及使用

1. 制备：取 10ml 含量为 100mg/ml 的硫酸锰水溶液，滴加到 250cm^2 玻璃纤维滤纸上，风干后切成碎片，装入 1.5mm×150mm 的 U 型玻璃管中。用该方法制成的硫酸锰滤纸有吸收二氧化硫的效能，受大气湿度影响很大。当相对湿度大于 88%、采气速度 1.0L/min、二氧化硫含量为 1mg/m^3 时，能消除 95% 以上的二氧化硫，此滤纸可维持 50h 有效。当相对湿度为 15%～35% 时，吸收二氧化硫的效能逐渐降低。当相对湿度很低时，应及时更新硫酸锰滤纸。

2. 使用：环境空气中存在二氧化硫干扰甲醛测定时，将气样先通过硫酸锰滤纸过滤器，再进入甲醛吸收管，可排除干扰。

七、建议教学时数：4 学时

思考题

1. 进行室内空气采样时，布置采样点、采样时间和采样频率时应注意什么？

2. 如要测定制革车间、人工板材制造车间空气中的甲醛浓度，应采用哪种测定方法？

实验十六　室内空气中苯系物的测定

一、实验提要

有专家认为,室内空气污染继"煤烟型污染"和"交通型污染"后已成为当今人类经历的第三个污染时期。室内空气中的苯系物主要来源于工业排放和建筑装饰等生活排放,一般主要测定的是苯、甲苯、二甲苯等有机污染物。苯及其苯系物(甲苯、二甲苯)均为无色至浅黄色透明油状液体,具有强烈芳香的气体,易挥发为蒸气,易燃,有毒。目前,苯系化合物已经被世界卫生组织确定为强烈致癌物质。室内空气中苯系物含量测定是评价室内环境质量的重要内容之一。

目前对于苯系物的测定方法常用气相色谱法(HJ 584—2010),由于气相色谱法具有分离效能高、灵敏度高及分析速度快等优点,已广泛应用于室内空气中苯系物的测定。当采样量为 20L 时,用 1ml 二硫化碳提取时,本实验方法的测定范围为 $0.05\sim10mg/m^3$。

本法适用于室内空气和居住区大气中苯、甲苯和二甲苯浓度的测定。

(一)实验目的

1. 了解气相色谱仪的工作原理。

2. 掌握室内空气中苯系物的采集与保存方法。

3. 掌握气相色谱法测定室内空气中苯系物的操作方法。

(二)实验原理

本实验采用活性炭吸附管采集空气中的苯、甲苯和二甲苯,然后用二硫化碳将其提取出来。用气相色谱仪进行定性和定量分析,以保留时间定性,峰高定量。

二、仪器、试剂及材料

(一)仪器材料

1. 活性炭采样管(图 16-1):用长 150mm,内径 3.5~4.0mm,外径 6mm的玻璃管,装入 100mg 椰子壳活性炭,两端用少量玻璃棉固定。装好管后再用纯氮气于 300℃～500℃ 温度条件下吹 5～10min，然后套上塑料帽封紧管的两端。此管放于干燥器中可保存 5d。

2. 空气采样器：流量范围 0～10L/min，流量稳定。

3. 注射器：1μm，10μm，1ml。

4. 2ml 具塞刻度试管。

5. 气相色谱仪（图 16-2）：附氢火焰离子化检测器。

6. 色谱柱：0.53mm×30m 大口径非极性石英毛细管柱。

7. 一般实验室常用仪器。

图 16-1 活性炭采样管

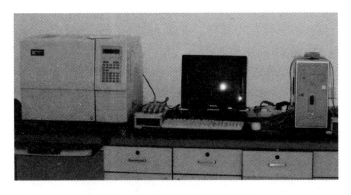

图 16-2 7890F 型气相色谱仪

（二）实验试剂

1. 苯/甲苯/二甲苯：色谱纯。

2. 二硫化碳：分析纯，需经纯化处理或直接购买已纯化的二硫化碳，保证色谱分析无杂峰。

3. 椰子壳活性炭：20～40 目，用于装活性炭采样管。

4. 高纯氮：99.999%。

三、实验内容

（一）样品采集

在采样地点打开活性炭管，两端孔径至少 2mm，与空气采样器入气口垂直连接，以 0.5L/min 的速度抽取 20L 空气。采样后，将管的两端套上塑料帽，并记录采样时的温度和大气压力。样品可保存 5d。

（二）实验步骤

1. 色谱分析条件：由于色谱分析条件常因实验条件不同而有差异，所以应根据所用气相色谱仪的型号和性能，制订能分析苯的最佳的色谱分析条件。

2. 绘制标准曲线和测定计算因子：在与样品分析的相同条件下，绘制标准曲线和测定计算因子。

用标准溶液绘制标准曲线：于 5.0ml 容量瓶中，先加入少量二硫化碳，用 1μm 微量注射器准确取一定量的苯（20℃时，1μm 苯重 0.8787mg）注入容量瓶中，加二硫化碳至刻度，配成一定浓度的储备液。临用前取一定的储备液用二硫化碳逐级稀释成苯含量分别为 1.0μg/ml、2.0μg/ml、4.0μg/ml、6.0μg/ml、8.0μg/ml、10.0μg/ml 的标准液。取 1μL 标准液进样，测量保留时间及峰高，每个浓度重复三次，取峰高的平均值。分别以 1μL 苯的含量（μg/ml）为横坐标（μg），平均峰高为纵坐标（mm），绘制标准曲线。并计算回归曲线的斜率，以斜率的倒数 B_s（μg/mm）作为样品测定的计算因子。

3. 样品分析：将采样管中的活性炭倒入具塞刻度试管中，加 1.0ml 二硫化碳，塞紧管塞，放置 1h，并不时振摇，取 1μL 进样，用保留时间定性，峰高（mm）定量。每个样品作三次分析，求峰高的平均值。同时，取一个未经采样的活性炭管按样品管同时操作，测量空白管的平均峰高（mm）。

4. 结果计算

将采样体积按式（16-1）换算成标准状态下的采样体积：

$$V_0 = V \frac{T_0}{T} \times \frac{P}{P_0} \qquad (16-1)$$

式中：V_0——换算成标准状态下的采样体积，L；

$\quad$ V——采样体积，L；

$\quad$ T_0——标准状态的绝对温度，273K；

$\quad$ T——采样时采样点现场的温度（t）与标准状态的绝对温度之和，（273+t）K；

$\quad$ P_0——标准状态下的大气压力，101.3kPa；

$\quad$ P——采样时采样点的大气压力，kPa。

空气中苯、甲苯和二甲苯浓度按式（16-2）计算：

$$c = \frac{(h-h_0) \times B_s}{V_0 \times E_s} \times 1000 \qquad (16-2)$$

式中：c——空气中苯、甲苯和二甲苯的浓度，mg/m^3；

$\quad\quad$ h——样品峰高的平均值，mm；

$\quad\quad$ h_0——空白管的峰高，mm；

$\quad\quad$ B_s——由标准曲线得到的计算因子，$\mu g/mm$；

$\quad\quad$ E_s——由实验确定的二硫化碳提取的效率；

$\quad\quad$ V_0——标准状况下采样体积，L。

四、实验数据整理

将实验数据记录于表 16-1 中。

表 16-1　标准曲线回归结果

序号	1	2	3	4	5	6	相关系数 r	校正因子 B_s
苯含量（$\mu g/ml$）	1.0	2.0	4.0	6.0	8.0	10.0		
甲苯含量（$\mu g/ml$）	2.0	5.0	10.0	20.0	50.0	100.0		
二甲苯含量（$\mu g/ml$）	2.0	5.0	10.0	20.0	50.0	100.0		

五、实验前应准备的问题

1. 二硫化碳的纯化方法：二硫化碳用 5％的浓硫酸-甲醛溶液反复提取，直至硫酸无色为止，用蒸馏水清洗二硫化碳至中性，再用无水碳酸钠干燥，重蒸馏，贮于冰箱中备用。

2. 二硫化碳及大部分苯系物均为有毒物质，实验过程中应注意安全。

3. 标准色谱图苯系物各组分出峰的次序为苯、甲苯、乙苯、二甲苯、苯乙烯。

4. 保留时间与峰高：以色谱峰的起步和终点连线作为峰底，从峰高极大值对时间轴作垂线，对应的时间即为保留时间；从峰顶到峰底间的垂线高度即为峰高。

5. 二硫化碳萃取时易发生乳化现象，可在分液漏斗中加入适量无水碳酸钠破乳。收集萃取液时，在分液漏斗中的颈下部塞一块玻璃棉，使萃取液过滤，弃去最初液，收集余下的二硫化碳溶液，以备测定。

6. 用微量注射器向管内加溶液时，严防针头扎入吸附剂内，要使标准溶液在石英棉后部空间挥发，以蒸气状态进入吸附剂。

7. 为缩短解吸分析后采样管的冷却时间，可对采样管采取风冷措施。

六、实验技能训练——认识气相色谱仪与氢火焰离子化检测器

气相色谱法（gas chromatography，GC）是色谱法的一种。色谱法中有两个相：一个相是流动相；另一个相是固定相。如果用液体作流动相，就叫液相色谱；用气体作流动相，就叫气相色谱。当样品被送入进样器后由载气携带进入色谱柱。由于样品中各组分在色谱柱中的流动相（气相）和固定相（液相或固相）间分配或吸附系数的差异，在载气的冲洗下，各组分在两相间作反复多次分配，各组分因在固定相中的滞留时间不同，从而使得各组分依次先后流出色谱柱而实现混合物的分离，然后由接在柱后的检测器根据组分的物理化学特性，将各组分按顺序检测出来。分配系数小的组分被固定相滞留的时间短，能较快地从色谱柱末端流出。以各组分从柱末端流出的浓度对进样后的时间作图，得到的图称为色谱图。气相色谱仪由载气系统、进样系统、色谱柱系统、检测系统和温控系统组成，其流程简图如图 16－3 所示。

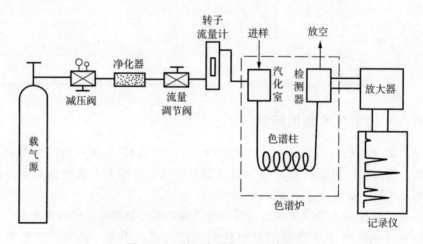

图 16－3　气相色谱仪的流程简图

氢火焰离子化检测器（FID）是气相色谱仪中最常用的检测器，其构成如图 16－4 所示。它是以氢气和空气燃烧生成的火焰为能源，当有机化合物进入以氢气和氧气燃烧的火焰，在高温下产生化学电离，电离产生比基流高几个数量级的离子，在高压电场的定向作用下，形成离子流，微弱的离子流（$10^{-12} \sim 10^{-8}$ A）经过高阻（$10^6 \sim 10^{11}$ Ω）放大，成为与进入火焰的有机化合物量成正比的电信号，因此可以根据信号的大小对有机物进行定量分析。具有如下特点：

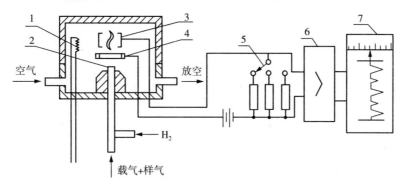

图 16 - 4 氢火焰离子化检测器

1—点火丝；2—喷嘴；3—收集电极；4—极化电极；5—量程变换器；6—放大器；7—记录仪

1. 典型的破坏性、质量型检测器。

2. 对有机化合物具有很高的灵敏度。

3. 对无机气体、水、四氯化碳等含氢少或不含氢的物质灵敏度低或不响应。

4. 氢火焰离子化检测器具有结构简单、稳定性好、灵敏度高、响应迅速、分离效能高、应用范围广等特点。

5. 比热导检测器的灵敏度高出近 3 个数量级，检出限可达 10^{-12} g/s。

使用氢火焰离子化检测器需注意：

1. 整个系统应加电磁屏蔽，以避免外界的电磁干扰。

2. 若使用氢气作载气，则无需再加入供燃烧使用的氢气。

3. 所有载气、氢气和空气均应纯净，若有灰尘颗粒则会产生较大干扰，进入检测器的杂质将会严重影响测量的下限值。

4. 检测器对氢气的流速很敏感，在测量中应寻找最佳流速，使响应信号最大。

5. 检测器的响应还与收集极和燃烧器喷嘴的几何形状有关。

氢火焰离子化检测器只能分析碳氢化合物，对无机物及水、O_2、N_2、CO、CO_2、SO_2、NH_3 等都很少有反应。

七、建议教学时数：3～4 学时

思考题

1. 实验中需要对样品进行预处理吗，为什么？

2. 实验中如何做到准确取样和进样？

3. 在测定苯系化合物时，是否还有其他采样方法？各有何特点？

实验十七　室内环境空气中氡的取样与测定

一、实验提要

氡是由放射性元素镭衰变产生的自然界唯一的天然放射性稀有气体，无色无味。由于氡衰变后成为放射性钋和 α 粒子，因此可供医疗用治疗癌症，但环境中氡的大量存在也会危害人体健康。

氡对人体健康的危害主要有两个方面，即体内辐射和体外辐射。体内辐射主要指常温下氡及子体在空气中形成放射性气溶胶而污染空气，通过呼吸作用进入人体。氡进入人体后容易被呼吸系统截留，在局部区域不断累积，并很快衰变成人体能吸收的核素，长期吸入高浓度氡最终可诱发肺癌。体外辐射主要是指天然石材中的辐射体直接照射人体后产生的一种生物效应，会对人体内的造血器官、神经系统、生殖系统和消化系统造成损伤。

世界卫生组织（WHO）所属国际癌症研究中心（IARC）以动物实验证实氡是当前认识到的 19 种主要的环境致癌物质之一。研究发现，氡对人体的辐射伤害占人体一生中所受到的全部辐射伤害的 55% 以上，世界上有 1/5 的肺癌患者与氡有关。

测定室内空气氡的含量对于评估氡污染状况、制订合理的室内空气控制措施、预防氡的辐射伤害、保障人体健康具有重要意义。

氡的测定方法很多，有径迹蚀刻法、活性炭盒法、双滤膜法、气球法、脉冲电离室法和静电收集法等。本次实验学习使用径迹蚀刻法和活性炭盒法测定室内空气环境氡含量。

（一）实验目的

1. 了解室内空气环境中氡的来源、氡的危害及氡含量测定的意义。

2. 掌握径迹蚀刻法和活性炭盒法测定室内空气环境中氡含量的原理和技术。

（二）实验原理

1. 径迹蚀刻法

径迹蚀刻法适用于室内外空气中氡-222 及其子体 α 潜能浓度的测定。

此法是被动式采样，能测量采样期间内氡的累积浓度，暴露 20d，其探测下

限可达 2.1×10^3 Bq·h/m³。探测器是聚碳酸酯片或 CR-39，置于一定形状的采样盒内，组成采样器，如图 17-1 所示。

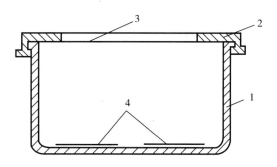

图 17-1　径迹蚀刻法采样器结构图

1—采样盒；2—压盖；3—滤膜；4—探测器

氡及其子体发射的 α 粒子轰击探测器时，使其产生亚微观型损伤径迹。将此探测器在一定条件下进行化学或电化学蚀刻，扩大损伤径迹，以致能用显微镜或自动计数装置进行计数。单位面积上的径迹数与氡浓度和暴露时间的乘积成正比。用刻度系数可将径迹密度换算成氡浓度。

2. 活性炭盒法

活性炭盒法也是被动式采样，能测量出采样期间内平均氡浓度，暴露 3d，探测下限可达到 6Bq·h/m³。

采样盒用塑料或金属制成，直径 6～10cm，高 3～5cm，内装 25～100g 活性炭。盒的敞开面用滤膜封住，固定活性炭且允许氡进入采样器。如图 17-2 所示。

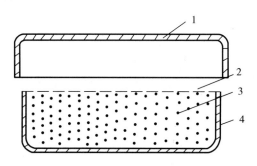

图 17-2　活性炭盒结构

1—密封盖；2—滤膜；3—活性炭；4—装炭盒

空气扩散进炭床内，其中的氡被活性炭吸附，同时衰变，新生的子体便沉积在活性炭内。用 γ 谱仪测量活性炭盒的氡子体特征 γ 射线峰（或峰群）强度。根据特征峰面积可计算出氡浓度。

二、仪器、试剂及材料

(一) 径迹蚀刻法仪器、试剂及材料

1. 仪器、材料

(1) 探测器，聚碳酸酯膜、CR - 39（简称片子）。

(2) 采样盒，塑料制成，直径 60mm，高 30mm。

(3) 蚀刻槽，塑料制成。

(4) 音频高压振荡电源，频率 0~10kHz，电压 0~1.5kV。

(5) 恒温器，0℃~100℃，误差±0.5℃。

(6) 切片机。

(7) 测厚仪，能测出微米级厚度。

(8) 计时钟。

(9) 注射器，10ml、30ml 两种。

(10) 烧杯，50ml。

(11) 平头镊子。

(12) 滤膜。

2. 实验试剂

(1) 分析纯氢氧化钾（含量不少于 80%）；

(2) 无水乙醇（C_2H_5OH）。

(二) 活性炭盒法仪器、试剂及材料

1. 活性炭，椰壳炭 8~16 目。

2. 采样盒。

3. 烘箱。

4. 天平，感量 0.1mg，量程 200g。

5. γ谱仪，NaI (Tl) 或半导体探头配多道脉冲分析器。

6. 滤膜。

三、实验内容

(一) 径迹蚀刻法

1. 采样器准备

(1) 切片。用切片机把聚碳酸酯膜（或 CR - 39）切成一定形状的片子，一般为圆形，也可为方形。

(2) 测厚。用测厚仪测出每张片子的厚度，偏离标称 10% 的片子应淘汰。

（3）装样。用不干胶把 3 个片子固定在采样盒的底部，盒口用滤膜覆盖。

（4）密封。把装好的采样器密封起来，隔绝外部空气。

2. 布放采样

（1）在测量现场去掉密封包装。

（2）将采样器布放在测量现场，其采样条件要符合 GB/T 14582—93 附录 A（补充件）A2 的要求（详见后）。

（3）室内测量。采样器可悬挂起来，也可放在其他物体上，其开口面上方 20cm 内不得有其他物体。

3. 采样器回收

采样终止时，取下采样器再密封起来，送回实验室。布放时间不少于 30d。

4. 记录

采样期间应记录的内容见 GB/T 14582—93 附录 A（补充件）A3。

5. 蚀刻

（1）蚀刻液配制

① 氢氧化钾溶液配制：取分析纯氢氧化钾（含量不少于 80%）80g 溶于 250g 蒸馏水中，配成浓度为 16%（m/m）的溶液；

② 化学蚀刻液：氢氧化钾溶液（16%）与 C_2H_5OH 体积比为 1∶2；

③ 电化学蚀刻液：氢氧化钾溶液（16%）与 C_2H_5OH 体积比为 1∶0.36。

（2）化学蚀刻

① 抽取 10ml 化学蚀刻液加入烧杯中，取下探测器置于烧杯内，烧杯要编号；

② 将烧杯放入恒温器内，在 60℃下放置 30min；

③ 化学蚀刻结束，用水清洗片子，晾干。

（3）电化学蚀刻

① 测出化学蚀刻后的片子厚度，将厚度相近的分在一组；

② 将片子固定在蚀刻槽中，每个槽注满电化学蚀刻液，插上电极；

③ 将蚀刻槽置于恒温器内，加上电压，以 20kV/cm 计（如片厚 200μm，则为 400V），频率 1kHz，在 60℃下放置 2h；

④ 2h 后取下片子，用清水洗净，晾干。

6. 计数和计算

（1）计数。将处理好的片子用显微镜测读出单位面积上的径迹数。

（2）计算。用式（17-1）计算氡浓度：

$$c_{Rn} = \frac{n_R}{T \cdot F_R} \qquad\qquad (17-1)$$

式中：c_{Rn}——氡浓度，Bq/m^3；

n_R——净径迹密度，Tc/cm^2；

T——暴露时间，h；

F_R——刻度系数，$Tc/cm^2/Bq \cdot h/m^3$；

Tc——径迹数。

注：除采用聚碳酸酯膜外，也可采用 CR - 39，操作程序与聚碳酸酯膜法大致相同，主要在蚀刻方面略有不同。具体操作程序如下：

(1) 样品制备

① 切片。用切片机将 CR - 39 切成一定尺寸的圆形或方形片子。

② 装样。用不干胶把 3 个片子固定在采样盒的底部，盒口用滤膜覆盖。

③ 密封。把装好的采样器密封起来，隔绝外部空气。

(2) 布放

① 在测量现场去掉密封包装。

② 将采样器布放在测量现场，其采样条件要符合附录 A（补充件）A2 的要求。

③ 室内测量。采样器可悬挂起来，也可放在其他物体上，其开口面上方 20cm 内不得有其他物体。

(3) 采样器的回收

采样终止时，取下采样器再密封起来，送回实验室。布放时间不少于 30d。

(4) 记录

采样期间应记录的内容见 GB/T 14582—93 附录 A（补充件）A3。

(5) 蚀刻

① 蚀刻液配制：用化学纯氢氧化钾配制成 c（KOH）＝6.5mol/L 的蚀刻液。

② 化学蚀刻：抽取 20ml 蚀刻液加入烧杯中，取下片子置于烧杯内，烧杯要编号。

将烧杯放入恒温器内，在 70℃ 下放置 10h。

③ 化学蚀刻结束，用水清洗片子，晾干。

(6) 计数和计算

与聚碳酸酯膜片法相同。

7. 质量保证

要保证测定结果的准确性，需注意以下几个问题：

(1) 刻度

1) 把制备好的采样置于氡室内，暴露一定时间，用规定的蚀刻程序处理探测器，用式（17-1）计算刻度系数 F_R。

$$F_R = \frac{n_R}{T \cdot c_{Rn}} \qquad\qquad (17-2)$$

式中符号意义同（17-1）式。

2）刻度时应满足下列条件

① 氡室内氡及其子体浓度不随时间而变化；

② 氡室内氡水平可为调查场所的 10～30 倍，且至少要做两个水平的刻度；

③ 每个浓度水平至少放置 4 个采样器；

④ 暴露时间要足够长，保证采样器内外氡浓度平衡；

⑤ 每一批探测器都必须刻度。

（2）采平行样

要在选定的场所内平行放置两个采样器，平行采样，数量不低于放置总数的 10%，对平行采样器进行同样的处理、分析。

由平行样得到的变异系数应小于 20%，若大于 20% 时，应找出处理程序中的差错。

（3）留空白样

在制备样品时，取出一部分探测器作为空白样品，其数量不低于使用总数的 5%。空白探测器除不暴露于采样点外，与现场探测器进行同样处理。空白样品的结果即为该探测器的本底值。

（二）活性炭盒法

1. 采样器准备

（1）将选定的活性炭放入烘箱内，在 120℃ 下烘烤 5～6h，存入磨口瓶中待用；

（2）装样：称取一定量烘烤后的活性炭装入采样盒中，并盖以滤膜；

（3）再称量样品盒的总重量；

（4）把活性炭盒密封起来，隔绝外面空气。

2. 布放采样

（1）在待测现场去掉密封包装，放置 3～7d；

（2）将活性炭盒放置在采样点上，其采样条件要满足 GB/T 14582—93 附录 A（补充件）A2 的要求；

（3）活性炭盒放置在距地面 50cm 以上的桌子或架子上，敞开面朝上，其上面 20cm 内不得有其他物体。

3. 样品回收

采样终止时将活性炭盒再密封起来，迅速送回实验室。

4. 记录

采样期间应记录的内容见 GB/T 14582—93 附录 A（补充件）。

5. 测量与计算

（1）测量

① 采样停止 3h 后测量。

② 再称量，以计算水分吸收量。

③ 将活性炭盒在 γ 谱仪上计数，测出氡子体特征 γ 射线峰（或峰群）面积。测量几何条件与刻度时要一致。

（2）计算

用式（17-3）计算氡浓度：

$$c_{Rn} = \frac{\alpha n_r}{t_1^b \cdot e^{-\lambda_{Rn} t_2}} \tag{17-3}$$

式中：c_{Rn}——氡浓度，Bq/m^3；

α——采样 1h 的响应系数，Bq/m^3/计数/min；

n_r——特征峰（峰群）对应的净计数率，计数/min；

t_1——采样时间，h；

b——累积指数，为 0.49；

λ_{Rn}——氡衰变常数，7.55×10^{-3}/h；

t_2——采样时间中点至测量开始时刻之间的时间间隔，h。

响应系数的确定与径迹蚀刻法相同。

四、实验数据整理

测定数据填入表 17-1 中。表中记录内容根据 GB/T 14582—93 附录 A（补充件）设计。

五、实验前应准备的问题

1. 刻度是定量测定空气中氡浓度的基础，是整个测定过程的重要一环。刻度应按要求严格执行。

2. 用活性炭盒法测氡要在不同的湿度下（至少三个湿度：30%、50%、80%）刻度其响应系数 α。

3. 除径迹蚀刻法和活性炭盒法外，也可使用氡检测仪器检测室内空气环境中氡的浓度：将氡检测仪器放置于室内 24h 且监测期间对外门窗封闭连续监测，定时记录数据，取最终平均值为检测结果。

表 17-1 室内空气中氡测量采样、测定记录表

采样目的:普查□;追踪□;剂量估算□

采样地点:村庄(街道)_____ 包(支)_____ 房屋类型:_____ 房号_____ 采暖方式_____

户主姓名_____ 每日吸烟数量_____ 建筑材料:_____

分析编号	采样器编号	采样器状况			采样器位置	采样器重(g)（活性炭盒法需记录）		是否符合标准采样条件	采样时间		径迹密度（Tc/cm^2）□ 计数率（计数/min）□	氡浓度（Bq/m^3）
		类型	完好程度	刻度系数□ 响应系数□		采样前	采样后		开始	终止		

采样、测定人(签名):_____ 年 月 日

测试仪器性能指标要求：

（1）工作条件：温度 $-10℃\sim 40℃$；

（2）相对湿度 $\leqslant 90\%$；

（3）不确定度 $\leqslant 20\%$；

（4）探测下限 $\leqslant 400Bq/m^3$。

由于生产厂家不同，仪器的结构、使用和保养方法都有差别，具体内容参看厂商提供的技术资料。

六、实验技能训练——切片机的正确使用

（一）切片机操作规程

1. 将聚碳酸酯块固定于切片机头上的夹座内，调整到稍离开切片能够切到的位置上，注意聚碳酸酯块切面与切片刀口要垂直平行。

2. 再调整聚碳酸酯块切面恰好与刀口接触，旋紧刀架，固定好机头。

3. 根据需要调整切片厚度。

4. 摇动切片机手轮先进行修整切片，直到切出完整的最大切面后，再进行切制。

5. 用右手转动切片机手轮，左手用毛笔托起聚碳酸酯片，协调地进行切片操作。使用自动切片时，同时按下"RUN"和"ENG"键，数字转盘控制切片速度。

6. 切下的聚碳酸酯带，一端用镊子轻轻拉起，应尽可能将切片带拉直展开，用毛笔将聚碳酸酯带从刀口向上挑起，拉下聚碳酸酯带，然后轻拖铺于托盘内。

7. 切片完成后，应及时清理切片机，保持切片机及切片刀干净整洁。

（二）切片机使用注意事项

1. 切片机的各个零件和螺丝应旋紧，否则将会产生震动。在每次更换聚碳酸酯块时，应检查一下聚碳酸酯块是否夹紧，切片刀是否稳固。

2. 切片刀一定要磨得十分锋利。切片完成后应及时擦净刀口。

3. 在摇动切片机时，用力要求均匀一致，不宜过重过猛，否则可因用力过重而使机身震动，造成切片厚薄不均。

七、建议教学时数：4 学时

思考题

1. 如何减轻室内空气氡对人体的伤害？

2. 采样器的布放需注意什么问题？

3. 采样器盒口覆盖滤膜的主要作用有哪些？

4. 径迹蚀刻法和活性炭盒法的特点及适用的条件分别是什么？

GB/T 14582—93

附　录　A
室内标准采样条件
（补充件）

A1　室内空气中氡测量的目的

A1.1　普查
调查一个地区或某类建筑物内空气中氡水平，发现异常值。

A1.2　追踪
追踪测量的目的是：

a. 确定普查中的异常值；

b. 估计居住者可能受到的最大照射；

c. 找出室内空气中氡的主要来源；

d. 为治理提供依据。

A1.3　剂量估算
测量结果用于居民个人和集体剂量估算，进行剂量评价。

A2　标准采样条件

A2.1　普查的采样条件

A2.1.1　总的要求是：测量数据稳定，重复性好。

A2.1.2　具体条件：

a. 采样要在密闭条件下进行，外面的门窗必须关闭，正常出入时外面门打开的时间不能超过几分钟。这种条件正是北方冬季正常的居住条件，因此普查测量最好在冬季进行。

b. 采样期间内外空气调节系统（吊扇和窗户上的风扇）要停止运行。

c. 在南方或者北方夏季采样测量，也要保持密闭条件。可在早晨采样，要求居住者前一天晚上关闭门窗，直到采样结束再打开。

d. 若采样前12h或采样期间出现大风，则停止采样。

A2.1.3　选择采样点要求：

a. 在近于地基土壤的居住房间（如底层）内采样；

b. 仪器布置在室内通风率最低的地方，如内室；

c. 不设在走廊、厨房、浴室、厕所内。

A2.1.4　采样时间：

对于不同的方法、仪器所需要的采样时间列于表 A1。

表 A1　普查测量的采样时间

仪器（方法）	采样时间
α 径迹探测器	在密闭条件下，放置 3 个月
活性炭盒	在密闭条件下，放置 2～7d
氡子体累积采样单元	在密闭条件下，连续采样 48h
连续资用水平监测仪	在密闭条件下，采样测量 24h
连续氡监测仪	在密闭条件下，采样测量 24h
瞬时法	在密闭条件下，上午 8～12 时采样测量，连续 2d

A2.2　追踪测量的采样条件

A2.2.1　总的要求：

a. 真实、准确；

b. 找出氡的主要来源。

A2.2.2　具体条件同 A2.1.2 条。

A2.2.3　选择采样点的要求：

a. 重测普查中采样点；

b. 为找出氡的主要来源，可在其他地方布点。

A2.2.4　采样时间：

追踪测量中的采样时间见 A2.1.4 条。

A2.3　剂量估算测量的采样条件

A2.3.1　总的要求：

a. 良好的时间代表性。测量结果能代表一年中的平均值，并反映出不同季节氡及其子体浓度的变化。

b. 良好的空间代表性。测量结果能代表住房内的实际水平。

A2.3.2　具体条件。采样条件即为正常的居住条件。

A2.3.3　采样点的选择。在室内布置采样点必须满足下列要求：

a. 在采样期间内采样器不被扰动；

b. 采样点不要设在由于加热、空调、火炉、门、窗等引起的空气变化较剧烈的地方；

　　c. 采样点不设在走廊、厨房、浴室、厕所内；

　　d. 采样点应设在卧室、客厅、书房内；

　　e. 若是楼房，首先在一层布点；

　　f. 被动式采样器要距房屋外墙 1m 以上，最好悬挂起来。

A2.3.4　采样时间：

剂量估算测量的采样时间列于表 A2。

表 A2　剂量估算测量的采样时间

仪器（方法）	采样时间
α径迹探测器	正常居住条件下，放置 12 个月
活性炭盒	正常居住条件下，每季测一次，每次放置 2～7h
氡子体累积采样单元	正常居住条件下，每季测一次，每次放置 48h
连续资用水平监测仪	正常居住条件下，每季测一次，每次放置 24h
连续氡监测仪	正常居住条件下，每季测一次，每次放置 24h
瞬时法	正常居住条件下，每季测一次，每次放置 2d

实验十八　环境空气中铅的测定 火焰原子吸收分光光度法

一、实验提要

铅是一种有害人类健康的重金属元素，对神经有毒性作用。铅在人体内无任何生理功能，理想的血铅浓度应为零。环境空气中的铅，是指酸溶性铅及铅的氧化物。一般是由于高温熔融的铅迅速挥发并氧化成氧化铅，遇冷后便凝聚成微小的固体颗粒物悬浮于空气中。

铅及其化合物广泛用于工业生产中，铅烟和铅尘是大气铅污染的主要形式。以烟、尘形式逸散到大气中的铅烟和铅尘主要来自含铅汽油的燃烧、含铅煤炭的燃烧、铅及铅合金的冶炼以及铅、含铅产品使用等高温作业过程。另外，含铅油漆、涂料、彩釉陶瓷、蜡纸制造、含铅玩具等的生产过程也产生铅污染。汽油中的四乙基铅在燃烧后生成氧化铅气溶胶细粒子，其比重大，长期漂浮在近地面，使儿童受害最大，影响儿童的智力发育和神经系统。随着无铅汽油的使用，城市空气中的铅浓度已有较大的降低。

空气中铅测定方法分为不需样品预处理的极谱分析法等和需要样品预处理的原子吸收光度法及分光光度法。

样品预处理方法有湿式消解法和干灰化法。

湿式消解法处理样品即用酸溶解样品，或将二者共热消解。消解样品常用混合酸。常用方法有硝酸-高氯酸消解法、硝酸-硫酸消解法、硫酸-磷酸消解法、硫酸-高锰酸钾消解法、硝酸-氢氟酸消解法及多元消解法。

环境空气中铅的测定采用 GB/T 15264—94 火焰原子吸收分光光度法，本方法适用于环境空气中颗粒铅的测定。方法检出限为 $0.5\mu g/ml$（1％吸收），当采样体积为 $50m^3$ 进行测定时，最低检出浓度为 $5\times10^{-4}mg/m^3$。

（一）实验目的

1. 学习空气样品的富集采样方法，掌握滤料阻留法采集空气中颗粒物的方法。

2. 学会湿式消解法处理样品的方法。

3. 熟悉原子吸收分光光度计的使用方法。

（二）实验原理

用玻璃纤维滤膜采集的试样，经硝酸-过氧化氢溶液浸出制备成试样溶液。直接吸入空气-乙炔火焰中原子化，在 283.3nm 处测量基态原子对空心阴极灯特征辐射的吸收。在一定条件下，吸收光度与待测样中金属浓度成正比。

二、仪器、试剂及材料

（一）仪器材料

1. 总悬浮颗粒采样器：中流量采样器。

2. 原子吸收分光光度计及相应的辅助设备。光源选用空心阴极灯或无极放电灯。操作参数可参照仪器说明书进行选择。

3. 微波消解装置或电热板。

4. 4 号多孔玻璃过滤器。

5. 常用玻璃仪器：高型烧杯、容量瓶（50ml、100ml）等。

6. 滤膜：超细玻璃纤维滤膜。空白滤膜的最大含铅量，要明显低于本方法所规定测定的最低检出浓度。

（二）试剂

本实验方法中除另有说明外，试剂均为无铅分析纯试剂，实验用水为无铅去离子水或同等纯度的水。

1. 铅：含量不低于 99.99%。

2. 硝酸（HNO_3），$\rho = 1.42g/ml$，优级纯。

3. 过氧化氢（H_2O_2），约 30%（m/m）。

4. 氢氟酸（HF），约 40%（m/m）。

5. 硝酸溶液：1%、（1+1）硝酸溶液。

6. 硝酸-过氧化氢混合液：用硝酸和过氧化氢按（1+1）配制，临时现配。

7. 铅标准储备溶液，$c = 1.000g/L$：称取 1.000g±0.001g 铅于器皿中，加入硝酸 15ml，加热，直至溶解完全，然后用水稀释定容至 1000ml，混匀。

8. 铅标准溶液，$c = 100\mu g/ml$：用移液管取 10.00ml 铅标准储备溶液至 100ml 容量瓶内，用 1%硝酸溶液稀释至标线，混匀。

9. 燃气：乙炔，纯度不低于 99.6%。用钢瓶气或由乙炔发生器供给。

10. 氧化剂：空气，一般由气体压缩机供给，进入燃烧器以前，应经过适当过滤，以除去其中的水、油和其他杂物。

三、实验内容

(一) 采集试样

用中流量采样器,玻璃纤维滤膜过滤直径为 8cm 时,以 50～150L/min 流量,采样 30～60m³。采样应将滤膜毛面朝上,放入采样夹中拧紧。采样后小心取下滤膜,尘面朝里对折两次叠成扇形,放回纸袋中,并详细记录采样条件。

(二) 试样预处理

1. 硝酸-过氧化氢溶液浸出法

取试样滤膜,置于高型烧杯(聚四氟乙烯烧杯)中,加入 10ml 硝酸-过氧化氢混合溶液浸泡 2h 以上,在电热板上沙浴加热至沸腾,保持微沸 10min,冷却后加入 30％过氧化氢 10ml,沸腾至微干,冷却,加 1％硝酸溶液 20ml,再沸腾 10min,热溶液通过多孔玻璃过滤器,收集于烧杯中,用少量热的 1％硝酸溶液冲洗过滤器数次。待滤液冷却后,转移到 50ml 容量瓶中,再用 1％硝酸溶液稀释至标线,即为试样溶液。

2. 微波消解法

取试样滤膜,放入微波消解的溶样杯中,加入 $\rho = 1.42$ g/ml 的硝酸 5ml、30％过氧化氢 2ml,用微波消解器在 1.5MPa 下消解 5min。取出冷却后用真空抽滤装置过滤,再用 1％热硝酸溶液冲洗过滤器数次。待滤液冷却后,转移到 50ml 容量瓶中,用 1％硝酸溶液稀释至标线,即为试样溶液。

(三) 空白溶液制备

取同批号等面积空白滤膜,按相同的样品预处理方法操作,制备成空白溶液。

(四) 测定步骤

干扰及其消除:对于火焰原子吸收法,在实验条件下,锑在波长 217.0nm 处有吸收,干扰测定,但在 283.3nm 处,锑不干扰测定。

1. 原子吸收分光光度计工作条件

波长:283.3nm;灯电流:4mA;火焰类型:空气-乙炔。

2. 校准曲线的绘制

取 7 个 100ml 容量瓶,参照表 18 - 1,分别加入铅标准溶液,然后用 1％硝酸溶液稀释至标线,配制成工作标准溶液,其浓度范围包括试料中被测铅浓度。

根据选定的原子吸收分光光度计工作条件,测定工作标准溶液的吸光度。以吸光度对铅浓度(μg/ml),绘制标准曲线。

表 18-1　铅标准系列

序　号	0	1	2	3	4	5	6
铅标准溶液加入体积（ml）	0	0.50	1.00	2.00	4.00	8.00	10.00
工作标准溶液铅浓度（μg/ml）	0	0.50	1.00	2.00	4.00	8.00	10.00
吸光度							

3. 试样溶液的测定

按校准曲线绘制时的仪器工作条件，吸入 1％硝酸溶液，将仪器调零，吸入空白溶液和试样溶液，记录吸光度值。

注：当试样溶液的响应值处于标准曲线上限范围以外时，要用 1％硝酸溶液稀释，使其响应值移至直线区域，并记录下稀释倍数（N）。

特别提示：

（1）在测定过程中，要定期地复测空白和标准溶液，以检查基线的稳定性和仪器灵敏度是否发生了变化。

（2）对于每批测定，均应将已知含铅量的试样通过方法的全过程操作，以便确定处理和测定过程中对待测铅的回收率影响。

四、实验数据整理

根据所测的吸光度值，在校准曲线上查出试样溶液和空白溶液的浓度，并由式（18-1）计算空气中铅的含量。

$$c\ (\text{Pb},\ \text{mg/m}^3)\ =\frac{V\times\ (c_y-c_0)\ \times N}{V_0\times 1000}\times\frac{S_t}{S_a} \qquad (18-1)$$

式中：c——铅及其无机化合物（换算成铅）浓度，mg/m^3；

$\quad\quad c_y$——试样溶液中铅浓度，$\mu\text{g/ml}$；

$\quad\quad c_0$——空白溶液中铅浓度，$\mu\text{g/ml}$；

$\quad\quad V$——试样溶液体积，ml；

$\quad\quad V_0$——换算成标准状态下（0℃、101325Pa）的采样体积，m^3；

$\quad\quad S_t$——采样滤膜总面积，cm^2；

$\quad\quad S_a$——测定时所取滤膜面积，cm^2。

注意事项：铅含量低时，可用石墨炉原子吸收法测定，但需注意样品空白。

五、实验前应准备的问题

1. 实验用的玻璃器皿用洗涤剂洗净后，在（1＋1）硝酸溶液中浸泡。使用前，先后用自来水和无铅水彻底洗洁净。

2. 用浸出法处理样品时，要小心地低温加热蒸干，勿使其迸溅。

六、实验技能训练——湿式消解法和无铅水的制备

前已详述，此处不再复述。

七、建议教学时数：4～5 学时

思考题

1. 环境空气中的铅对人体会造成什么危害？铅污染的来源有哪些？

2. 影响空气中铅测定结果的主要因素有哪些？

实验十九　环境噪声监测

一、实验提要

噪声损伤听力、干扰人们的睡眠和工作，强噪声还会影响设备正常运转和损坏建筑结构。根据国际标准化组织的调查，干扰睡眠和休息的噪声级阈值白天为50dB，夜间为45dB；我国城市区域环境噪声标准（GB 3096—93）中规定以居住、文教机关为主的区域噪声级阈值白天为50dB，夜间为45dB。目前测定噪声广泛采用声级计。

（一）实验目的

1. 熟悉声级计的使用。

2. 掌握无规则噪声监测数据的处理方法，绘制噪声污染图。

（二）实验原理

声压由传声器膜片接收后，将声压信号转换成电信号，经前置放大器做阻抗变换后送到输入衰减器，再由输入放大器进行定量放大，放大后的信号由计权网络进行计权，输出的信号由输出衰减器减到额定值，随即送到输出放大器放大，使信号达到相应的功率输出。输出信号经 RMS 检波后送出有效值电压，推动数字显示器，显示所测的声压级分贝值，如图 19 - 1 所示。

图 19 - 1　噪声测定原理图

二、仪器

声级计 HS—5633，如图 19 - 2 所示。

三、实验内容

（一）测量条件

1. 天气条件要求在无雨无雪的时间，声级计应保持传声器膜片清洁，风力在三级以上必须加风罩（以避免风噪声干

图 19 - 2　声级计

扰），五级以上大风应停止测量。

2. 使用仪器是 HS—5633 型声级计。

3. 手持仪器测量，传声器要求距离地面 1.2m。

（二）测定步骤

1. 将学校（或某一地区）划分为 25m×25m 的网络，测量点选在每个网格的中心，若中心点的位置不宜测量，可移到旁边能够测量的位置。

2. 每组三人配置一台声级计，顺序到各网点测量，时间从 8：00～17：00，每一网格至少测量四次，时间间隔尽可能相同。

3. 读数方式用慢挡，每隔 5s 读一个瞬时 A 声级，连续读取 200 个数据。读数同时要判断和记录附近主要噪声来源（如交通噪声、施工噪声、工厂或车间噪声、锅炉噪声等）和天气条件。

四、实验数据整理

环境噪声是随时间而起伏的无规律噪声，因此测量结果一般用统计值或等效声级来表示，本实验用等效声级表示。

将各网点每一次的测量数据（200 个）按顺序找出 L_{20}、L_{100}、L_{180}，求出等效声级 L_{eq}，再将该网点一整天的各次 L_{eq} 值求出算术平均值，作为该网点的环境噪声评价量。

以 5dB 为一等级，用不同颜色或阴影线（表 19-1）绘制学校（或某一地区）噪声污染图或直接用柱状图表示（图 19-3）。

表 19-1 不同等级噪声颜色和阴影表示一览表

噪声带	颜色	阴影线
35dB 以下	浅绿色	小点，低密度
36～40dB	绿色	中点，中密度
41～45dB	深绿色	大点，高密度
46～50dB	黄色	垂直线，低密度
51～55dB	褐色	垂直线，中密度
56～60dB	橙色	垂直线，高密度
61～65dB	朱红色	交叉线，低密度
66～70dB	洋红色	交叉线，中密度
71～75dB	紫红色	交叉线，高密度
76～80dB	蓝色	宽条垂直线
81～85dB	深蓝色	全黑

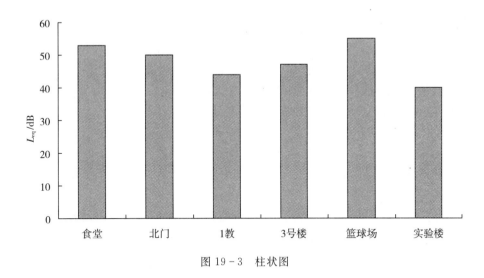

图 19-3　柱状图

　　将校园的声环境质量与国家相应标准比较得出结论，分析校园声环境质量现状，提出改善校园声环境质量的建议及措施。

五、实验前应准备的问题

　　1. 声级计配用的传声器是一种精密型传感器，切勿拆卸、跌落，防止掷摔（传声器内膜片易损坏），长期不用声级计，可取下放入包装盒中。

　　2. 在使用过程中，液晶中出现欠压告警，应及时更换电池。

　　3. 声级计应避免放置于高温、潮湿及含盐酸碱成分高的空气或有化学气体的地方。

　　4. 声级计测量前，可先开机预热 2min，潮湿天预热 5～10min。

六、实验技能训练——声级计 HS—5633 使用方法

（一）使用前准备

　　1. 仔细阅读使用说明书，了解性能、功能及注意事项。

　　2. 装传声器：从仪器箱包中取出声级计后，先取下声级计前置放大器头部的塑料保护罩，再从随机配的传声器包装袋里的塑盒中取出传声器，小心装配到前置放大器。

　　3. 装电池：取一节 9V 叠层新电池（一般能连续工作在 4h 以上），并通过电池盒内的电池扣连接牢，略整线位，放平电池，平移推入电池盖板。

　　4. 电池电压检查：将电源开关从 OFF 位拨向 F，检查显示器中无 "∶" 符号出现，表明可进行声级测量，否则应重新更换电池装入。

(二) 声级计测量操作

1. 将电源开关置于 F，即快挡，时间计权为指数快特性响应。

2. 设置频率计权开关至 A 或 C，一般由测量者根据测量要求选择。A、C 计权的频响特性由声级计标准规定，区别在于低段频与高段频对声信号的响应特性不同，环境噪声测量常选用 A 计权。

3. 根据被测噪声大小设置量程选择开关于 L 或 H。

4. 读数：液晶显示的数值即为测量值：dB（A）或 dB（C）。

5. 保持测量：按一下面板上 HOLD KEY，显示器左上角出现 HOLD "←"符号，则进入保持测量，如有更大声信号出现，声级计自动保持最大瞬时声级；不需保持时再按下保持键，使 "←" 符号消失。

6. 欠量程指示：只有在高量程 H 挡位测量时出现，当被测声信号低于 65dB时，LOW 绿灯亮，表示欠量程，需将量程开关设置于低量程 L 挡，LOW 绿灯灭。

7. 过载指示：在 L 挡声信号超 100dB 时，OVER 红灯亮时，表示过载，需将量程开关设置于 H 挡。在 H 挡测量时，声信号超 130dB 时，OVER 红灯亮，表明被测声信号已超过测量范围，要选用高量程声级计。

(三) 声校准

将声级计功能开关分别设置于 F、A、L 位，将声级校准器（94dB，1000Hz）配合到声级计传声器上，开启校准器电源，声级计应指示 93.8dB，可微调 CAL 校准电位器到校准值。声级计具有良好的稳定性，没有特别要求，无需经常校准。如果选用 114dB 或 124dB 声级校准器，量程开关一定要选在 H 高量程挡。若校准频率为 250Hz，频率计权开关置于 C。

(四) 外接电源

声级计左侧有一外接电源输入插座（Φ1.1），内芯为负，外壳为正，当声级计长时间连续监测时可用外接直流电源（9V）供电，注意插头极性与外径应符合要求。

七、建议教学时数：3～4 学时

思考题

1. 等效声级的意义是什么？

2. 影响噪声测定的因素有哪些？如何注意？

3. L_{20}、L_{100}、L_{180} 各相当于噪声的什么值？L_{eq}、L_{NP} 与它们有何关系？

实验二十 土壤中镉的测定 原子吸收分光光度法

一、实验提要

重金属是指相对密度 4.0 以上约 60 种元素或相对密度在 5.0 以上的 45 种元素。环境污染方面所指的重金属主要是指生物毒性显著的汞、镉、铅、铬以及类金属砷，还包括具有毒性的重金属锌、铜、钴、镍、锡、钒等元素。含重金属的污染物通过各种途径进入土壤，土壤重金属污染可影响农作物产量和质量的下降，并可通过食物链危害人类的健康，也可以导致大气和水环境质量的进一步恶化。测定镉的方法多用原子吸收光谱法和原子荧光光谱法。该方法适用于高背景土壤（必要时应消除基体元素干扰）和受污染土壤中 Cd 的测定。方法检出限范围为 $0.05 \sim 2 \text{mg Cd/kg}$。

（一）实验目的

1. 掌握土壤样品前处理的方法。

2. 掌握原子吸收分光光度法的原理及土壤中镉的测定技术。

3. 掌握土壤样品的消解方法和原子吸收分光光度计的使用方法。

（二）实验原理

火焰原子吸收分光光度法是根据某元素的基态原子对该元素的特征谱线产生选择性吸收来进行测定的分析方法。土壤样品用 $HNO_3 - HF - HClO_4$ 或 $HCl - HNO_3 - HF - HClO_4$ 混酸体系消解后，将消解液直接喷入空气-乙炔火焰。被测元素的化合物在火焰中离解形成原子蒸气，由锐线光源（空心阴极灯）发射的某元素的特征谱线光辐射通过原子蒸气层时，该元素的基态原子对特征谱线产生选择性吸收。在一定条件下，特征谱线光强的变化与试样中被测元素的浓度成比例。通过对自由基态原子对选用吸收线吸光度的测量，确定试样中该元素的浓度。

二、仪器、试剂及材料

（一）仪器

1. 原子吸收分光光度计、空气-乙炔火焰原子化器、镉空心阴极灯。

2. 仪器工作条件：测定波长 228.8nm；通带宽度 1.3nm；灯电流 7.5mA；火焰类型为空气-乙炔氧化型，蓝色火焰。

（二）试剂及材料

1. 盐酸：分析纯。

2. 硝酸：分析纯。

3.（1+5）硝酸：取 100ml 浓硝酸缓缓加入 500ml 水中，不断搅拌均匀。

4. 氢氟酸：分析纯。

5. 高氯酸：分析纯。

6. 镉标准贮备液：称取 0.5000g 金属镉粉（光谱纯），溶于 25ml（1+5）硝酸（微热溶解），冷却，移入 500ml 容量瓶中，用去离子水稀释并定容。此溶液每毫升含 1.0mg 镉。

7. 镉标准使用液：吸取 10.00ml 镉标准贮备液于 100ml 容量瓶中，用水稀释至标线，摇匀备用。吸取 5.00ml 稀释后的溶液于另一 100ml 容量瓶中，用水稀释至标线，即得每毫升含 5.00μg 镉的标准使用液。

8. 风干土样（过 100 目尼龙筛）。

三、实验内容

（一）采样及样品制备

1. 采样

根据监测的目的不同，采集土壤样品分为两种：

（1）如果只是一般地了解土壤污染状况，对种植一般农作物的耕地，只需采集 0～20cm 耕作层土壤；对种植果林类农作物的耕地，采集 0～60cm 耕作层土壤。将在一个采样单元内各采样分点采集的土样混合均匀制成混合样。

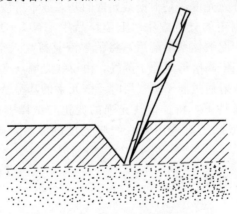

图 20-1　表层土壤采集示意图

（2）如果要了解土壤污染深度，则应按土壤剖面层次分层采样。根据土壤剖面颜色、结构、质地、疏松度、温度、植物根系分布等划分土层。在各层最典型的中部自下而上逐层用小土铲切取土样，每个采样点的采样深度和采样量应一致。

图 20-2　土壤剖面土层示意图

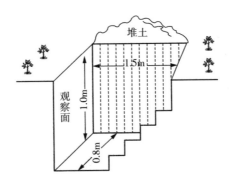

图 20-3　土壤剖面挖掘示意图

2. 样品制备

现场采集的土壤样品经核对无误后，进行分类装箱，及时送至实验室进行加工处理。其处理程序是：风干、磨碎、过筛、混合、分装，制成满足分析要求的土壤样品。在风干室将潮湿土样倒在白色搪瓷盘内或塑料膜上，摊成约 2cm 厚的薄层，用木棍或玻璃棒间断地压碎、翻动，使其均匀风干。在风干过程中，拣出碎石、砂粒及植物残体等杂质。取风干土样 100～200g 于有机玻璃板上，用木棒再次压碎，经反复处理，使其全部通过 0.149mm（100 目）孔径的尼龙筛，混匀后贮于广口玻璃瓶内，备用。

（二）实验步骤

1. 标准曲线的绘制

分别吸取镉标准使用液 0.00ml、0.50ml、1.00ml、2.00ml、3.00ml、4.00ml 于 6 个 50ml 容量瓶中，用 0.2％硝酸溶液定容、摇匀。此标准系列分别含镉 0.00μg/ml、0.05μg/ml、0.10μg/ml、0.20μg/ml、0.30μg/ml、0.40μg/ml。测其吸光度，绘制标准曲线。

2. 土样试液的制备

称取 0.500～1.000g 土样于 25ml 聚四氟乙烯坩埚中，用少许水润湿，加入 10ml 盐酸，在电热板上加热（＜450℃）消解 2h，然后加入 15ml 硝酸，继续加热至溶解物剩余约 5ml 时，再加入 5ml 氢氟酸并加热分解除去硅化合物，最后加入 5ml 高氯酸，加热至消解物呈淡黄色时，打开盖，蒸至近干。取下冷却，加入 (1+5) 硝酸 1ml，微热溶解残渣，冷却后用中速定量滤纸过滤到 50ml 容量瓶中，洗涤滤渣，最后定容，摇匀待测。同时进行全程序试剂空白实验。

3. 样品的测定

按绘制标准曲线的测定条件，测定试样溶液的吸光度。

四、实验数据整理

将实验数据记录于表 20 - 1 中。

表 20 - 1　实验结果记录

样品编号	从标准曲线上查得镉浓度（μg/ml）	土样中镉含量（μg）	称量土样干重量（g）	土壤中镉含量（mg/kg）
1				
2				
3				

用式（20 - 1）计算土壤中镉含量（以质量分数表示）：

$$镉（mg/kg）= \frac{m}{W} \tag{20-1}$$

式中：m——土样中镉含量，μg；

W——称量土样干重量，g。

五、实验前应准备的问题

1. 了解原子吸收分光光度计测定重金属的原理。

2. 掌握含有重金属水样的消解方法。

3. 注意事项

(1) 土样消化过程中，最后除 $HClO_4$ 时必须防止将溶液蒸干，不慎蒸干时 Fe、Al 盐可能形成难溶的氧化物而包藏镉，使结果偏低。注意无水 $HClO_4$ 会爆炸！

(2) 镉的测定波长为 228.8nm，该分析线处于紫外光区，易受光散射和分子吸收的干扰，特别是在 220.0~270.0nm 之间，NaCl 有强烈的分子吸收，覆盖了 228.8nm 线。另外，Ca、Mg 的分子吸收和光散射也十分强。这些因素皆可造成镉的表观吸光度增大。为消除基体干扰，可在测量体系中加入适量基体改进剂，如在标准系列溶液和试样中分别加入 0.5g La $(NO_3)_3 \cdot 6H_2O$。此法适用于测定土壤中含镉量较高和受镉污染土壤中的镉含量。

(3) 高氯酸的纯度对空白值的影响很大，直接关系到测定结果的准确度，因此必须注意全过程空白值的扣除，并尽量减少加入量，以降低空白值。

六、实验技能训练

1. 掌握土壤样品的消解技术。

2. 掌握原子吸收分光光度计的使用方法（火焰原子吸收法）。

(1) 方法原理

图 20 - 4 示意出火焰原子吸收分析法的测定过程。将含待测元素的溶液通过原子化系统喷成细雾，随载气进入火焰，并在火焰中解离成基态原子。当空心阴极灯辐射出待测元素的特征波长光通过火焰时，因被火焰中待测元素的基态原子吸收而减弱。在一定实验条件下，特征波长光强的变化与火焰中待测元素基态原子的浓度有定量关系，从而与试样中待测元素的浓度（ρ）有定量关系，即

$$A = k' \cdot \rho \qquad (20 - 2)$$

式中：A——待测元素的吸光度；

k'——与实验条件有关的系数，当实验条件一定时为常数。

(2) 原子吸收分光光度计

用作原子吸收分析的仪器称为原子吸收分光光度计或原子吸收光谱仪。它主要由光源、原子化系统、分光系统及检测系统四个主要部分组成。

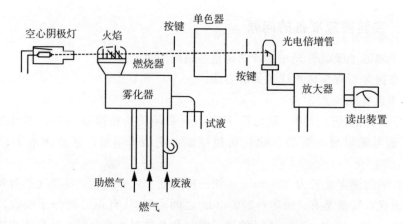

图 20-4　火焰原子吸收分析过程示意图

图 20-5　火焰原子吸收分光光度计

（3）原子吸收分光光度计的使用步骤（以北京普析通用公司 TAS—990 型为例）

①打开电脑。

②打开原子吸收分光光度计电源开关，双击电脑桌面"AAWin"图标，选择"联机"，确定后，等待仪器联机。

③选择本次实验所用"元素灯"，双击选定或更改，并在右侧选择相应的元素灯，若下面实验将更换元素灯，则同时选择"预热灯"，选择"下一步"，显示"波长…nm"，点击"寻峰"操作，等待寻峰结果。若寻峰结果能量显示不在90%～110%之间，则需要进行"能量调试"，反之，则不需要。

④进入测量界面，主菜单"仪器"项下选择"测量方法设置"，选择所用方法，有石墨炉、氢化物、火焰吸收、火焰发射四项可选。点击"火焰吸收"，然后"确定"。

⑤ 主界面"样品"项设置好标准样品系列浓度后，将2%硝酸溶液放到进样管处，并准备好废液桶，开启通风设备。

⑥ 打开空气和乙炔气。调节空气压力在0.20MPa～0.25MPa之间；调节乙炔气体压力在0.05MPa～0.06MPa之间。

⑦ 点击主界面"点火"项。点火后，加热10min左右后，烧空白进行清洗2～3min即可。

⑧ 开始测量时，先测空白，空白测定时，先校零，待吸光度值稳定为0.000时，开始测定。

⑨空白测量后，样品测定时，待A值稳定后，再"开始"测量。

⑩实验结束后，先关乙炔气总阀，待火焰熄灭后，再关空气，先关"开关"，再按"放气阀"。关闭软件，再关原子吸收分光光度计电源开关，最后关闭电脑即可。

七、建议教学时数：4～6 学时

思考题

1. 试分析原子吸收分光光度法测定土壤中重金属元素的误差来源可能有哪些？

2. 加酸的顺序不同，是否会对测定结果有影响？

3. 土壤试液如何制备？

实验二十一　河流监测方案制订及水质评价

一、实验提要

河流监测是监视和测定水体中污染物的种类、各类污染物的浓度及变化趋势，评价水质状况的过程，目的是准确、及时、全面地反映河流水体质量现状及发展趋势，为水资源管理、污染源控制、水资源规划等提供科学依据。

我国依据地表水水域环境功能和保护目标，按功能高低依次划分为五类，表 21-1 中为对地表水体规定的污染物监测项目及不同类别水质所对应的污染物浓度标准上限。

表 21-1　地表水环境质量标准基本项目标准限值　（单位：mg/L）

序号	分类 标准值 项目	I 类	II 类	III 类	IV 类	V 类
1	水温（℃）	人为造成的环境水温变化应限制在： 周平均最大温升≤1 周平均最大温降≤2				
2	pH 值（无量纲）	6～9				
3	溶解氧≥	饱和率 90% （或 7.5）	6	5	3	2
4	高锰酸盐指数≤	2	4	6	10	15
5	化学需氧量 （COD）≤	15	15	20	30	40
6	五日生化需 氧量（BOD₅）≤	3	3	4	6	10
7	氨氮（NH₃-N）≤	0.15	0.5	1.0	1.5	2.0
8	总磷（以 P 计）≤	0.02（湖、库 0.01）	0.1（湖、库 0.025）	0.2（湖、库 0.05）	0.3（湖、库 0.1）	0.4（湖、库 0.2）

（续表）

序号	分类 标准值 项目	Ⅰ类	Ⅱ类	Ⅲ类	Ⅳ类	Ⅴ类
9	总氮（湖、库，以 N 计）≤	0.2	0.5	1.0	1.5	2.0
10	铜≤	0.01	1.0	1.0	1.0	1.0
11	锌≤	0.05	1.0	1.0	2.0	2.0
12	氟化物（以 F^- 计）≤	1.0	1.0	1.0	1.5	1.5
13	硒≤	0.01	0.01	0.01	0.02	0.02
14	砷≤	0.05	0.05	0.05	0.1	0.1
15	汞≤	0.00005	0.00005	0.0001	0.001	0.001
16	镉≤	0.001	0.005	0.005	0.005	0.01
17	铬（六价）≤	0.01	0.05	0.05	0.05	0.1
18	铅≤	0.01	0.01	0.05	0.05	0.1
19	氰化物≤	0.005	0.05	0.2	0.2	0.2
20	挥发酚≤	0.002	0.002	0.005	0.01	0.1
21	石油类≤	0.05	0.05	0.05	0.5	1.0
22	阴离子表面活性剂≤	0.2	0.2	0.2	0.3	0.3
23	硫化物≤	0.05	0.1	0.2	0.5	1.0
24	粪大肠菌群（个/L）≤	200	2000	10000	20000	40000

　　本实验为设计性综合实验，其内容包括：基础资料收集、监测断面和采样点布设、确定检测项目及分析方法、数据处理及水质评价等。

（一）实验目的

1. 掌握地表水水质监测方案的制订方法。

2. 熟悉水样的采集和保存方法。

3. 了解地表水监测基本项目。

4. 掌握基本项目常规监测方法和有关仪器使用方法。

5. 根据所学知识，设计河流水质监测方案，通过监测对河流水质进行评价。

(二) 实验原理

通过测定某河流的 COD_{Cr}、BOD_5、pH、TN、TP、DO 等各项污染物浓度，结合地表水环境质量标准，从而对河流水质现状进行评价。

二、仪器、试剂及材料

本实验所需化学试剂、仪器及设备可依据各个指标的分析方法自行准备。

三、实验内容

(一) 收集河流现状基础资料

1. 水体的水文、气候、地质和地貌资料。

2. 水体沿岸城市分布、工业布局、污染源及其排污情况、城市给排水情况等。

3. 水体沿岸的资源现状、水体流域功能等。

4. 历年水质监测资料。

(二) 监测断面和采样点的设置

1. 为评价完整江河水系的水质，需要设置背景断面、对照断面、控制断面和削减断面；对于某一河段，只需设置对照、控制和削减（或过境）三种断面。

2. 对江河水系，当水面宽度＜50m 时，只设一条中泓垂线；水面宽 50～100m 时，在左右近岸水流明显处各设一条垂线；水面宽＞100m 时，设左、中、右三条垂线。在一条垂线上，当水深≤5m，只在水面下 0.5m 处设一个采样点；水深不足 1m，在 1/2 水深处设采样点；水深 5～10m，在水面下 0.5m 和河底以上 0.5m 处各设一个采样点；水深＞10m，设三个采样点，即在水面下 0.5m 处、河底以上 0.5m 处及 1/2 水深处各设一个采样点。

(三) 监测项目

水质项目的选择主要是根据河流的污染源分布情况及水污染特点，确定监测项目。主要监测项目可分为两大类：一类是反映水质状况的综合指标，如温度、色度、浊度、pH 值、电导率、悬浮物、溶解氧、化学需氧量和生物需氧量等；另一类是一些有毒物质，如酚、氰、砷、铅、铬、镉、汞和有机农药等。

(四) 采样时间及采样频率

1. 对于较大水系干流和中、小河流，全年采样监测次数不少于 6 次。

2. 采样时间为丰水期、枯水期、平水期和季度采样，每期采样两次。

3. 流经城市或工业区、污染较重的河流、游览水域，全年采样监测不少于 12 次。

4. 底质每年枯水期采样监测一次。

5. 受潮汐影响的监测断面分别在大潮期、小潮期进行采样监测。每次采集涨潮、退潮水样分别监测。

6. 涨潮水样应在断面处水面涨平时采集，退潮水样应在水面退平时采集。

（五）采样及分析方法

根据监测对象的性质、含量范围及测定要求等因素选择采样、分析方法。常见指标的分析方法见表 21－2 所列。

表 21－2　常见监测指标分析方法

监测指标	分析方法	参考
COD	重铬酸钾滴定法	GB 11914—89
BOD_5	稀释接种法	HJ 505—2009
TOC	燃烧氧化-非分散红外吸收法	HJ 501—2009
高锰酸盐指数	$Cl^-<300mg/L$ 的水样，选择酸性法 $Cl^->300mg/L$ 的水样，选择碱性法	GB 11892—89
DO	电化学探头法	HJ 506—2009
pH	玻璃电极法	
NH_3-N	纳氏试剂比色法	HJ 535—2009
TN	过硫酸钾氧化-紫外分光光度法	HJ 636—2012
TP	钼酸铵分光光度法	GB 11893—89
总铜	2，9-二甲基-1，10-菲啰啉分光光度法	HJ 486—2009
总锌	直接火焰原子吸收分光光度法	环境工程手册（环境监测卷）
氟化物	氟试剂分光光度法	HJ 488—2009
总砷	火焰原子吸收分光光度法	环境工程手册（环境监测卷）
总汞	冷原子荧光法	HJ/T 341—2007
总镉	火焰原子吸收分光光度法	环境工程手册（环境监测卷）
六价铬	二苯碳酰二肼分光光度法	环境工程手册（环境监测卷）
总铅	火焰原子吸收分光光度法	环境工程手册（环境监测卷）

(续表)

监测指标	分析方法	参考
总氰化物	异烟酸-吡唑啉酮分光光度法	环境工程手册(环境监测卷)
挥发酚	4-氨基安替比林分光光度法	HJ 503—2009
石油类	重量法	环境工程手册(环境监测卷)
硫化物	碘量法	HJ/T 60—2000
粪大肠菌群（个/L）	多管发酵法	HJ/T 347—2007
悬浮物	重量法	环境工程手册(环境监测卷)
阳离子表面活性剂	亚甲基蓝分光光度法	环境工程手册(环境监测卷)

（六）实验数据整理及评价

对原始数据进行处理，对照《地表水环境质量标准》，采用综合污染指数法对功能区水质进行评价。

综合污染指数：
$$P = \frac{1}{n} \sum_{i=1}^{n} P_i \qquad (21-1)$$

污染物污染分指数：
$$P_i = c_i / S_i \qquad (21-2)$$

污染分担率：
$$K_i = P_i / nP \times 100\% \qquad (21-3)$$

式中：P——断面水综合污染指数；

P_i——断面 i 项污染物的污染分指数；

c_i——i 项污染物的实测浓度；

S_i——i 项污染物的标准浓度；

K_i——i 项污染物在该断面污染物中的污染分担率。

（七）学习案例

2006 年淮河干流安徽段各断面水质监测结果（表 21-3）。

表 21-3　2006 年淮河干流安徽段各断面水质监测结果　（单位：mg/L）

断面名称	pH	DO	COD$_{Mn}$	BOD$_5$	NH$_3$-N	石油类	挥发酚	Hg	Pb	水质类别
王家坝	7.95	6.41	4.77	4.08	0.707	0.230	0.001	0.000009	0.0005	Ⅳ
峡山口	7.74	7.09	4.07	3.05	1.066	0.025	0.001	0.000025	0.0083	Ⅳ

（续表）

断面名称	pH	DO	CODMn	BOD₅	NH₃-N	石油类	挥发酚	Hg	Pb	水质类别
凤台渡口	7.75	7.31	4.05	3.28	1.089	0.025	0.001	0.000025	0.0088	IV
石头埠	7.78	7.05	4.09	3.12	1.003	0.025	0.001	0.000025	0.0098	IV
大涧沟	7.65	6.88	4.08	3.10	1.204	0.025	0.001	0.000025	0.0115	IV
新城口	7.72	7.17	4.24	3.24	1.170	0.025	0.001	0.000025	0.0108	IV
涡河入淮口	7.65	6.73	3.92	2.41	0.884	0.010	0.001	0.000005	0.0250	III
蚌埠闸下	7.72	6.67	3.93	2.49	0.911	0.010	0.001	0.000005	0.0250	III
新铁桥	7.72	5.94	4.16	2.85	1.050	0.010	0.001	0.000005	0.0250	IV
沫河口	7.72	6.04	4.14	2.89	1.045	0.010	0.001	0.000005	0.0250	IV
小柳巷	7.30	6.70	4.50	4.60	0.769	0.050	0.002	0.000020	0.0100	IV

采用综合污染指数和污染分担率（K_i）对其进行评价（表 21-4）。

表 21-4 2006 年淮河干流安徽段各断面水质综合评价结果

断面名称	DO		CODMn		BOD₅		NH₃-N		石油类	
	P	$K\%$	P	$K\%$	P	$K\%$	P	$K\%$	P	$K\%$
王家坝	0.78	9.51	0.80	10.71	1.02	13.74	0.71	9.53	4.60	61.98
峡山口	0.70	16.17	0.68	18.57	0.76	20.83	1.07	29.17	0.50	13.68
凤台渡口	0.68	15.34	0.67	17.86	0.82	21.71	1.09	28.84	0.50	13.24
石头埠	0.71	16.36	0.68	18.80	0.78	21.49	1.00	27.66	0.50	13.79
大涧沟	0.73	15.92	0.68	17.70	0.77	20.18	1.20	31.38	0.50	13.03
新城口	0.70	15.21	0.71	18.19	0.81	20.84	1.17	30.10	0.50	12.86
涡河入淮口	0.74	19.38	0.65	21.14	0.60	19.50	0.88	28.61	0.20	6.47
蚌埠闸下	0.75	19.28	0.66	20.87	0.62	19.83	0.91	29.03	0.20	6.37
新铁桥	0.84	19.82	0.69	20.36	0.71	20.92	1.05	30.83	0.20	5.87
沫河口	0.83	19.55	0.69	20.25	0.72	21.20	1.05	30.67	0.20	5.87
小柳巷	0.75	14.36	0.75	16.86	1.15	25.85	0.77	17.28	1.00	22.48

（续表）

断面名称	挥发酚		Hg		Pb		综合	
	P	$K\%$	P	$K\%$	P	$K\%$	P	$K\%$
王家坝	0.20	2.69	0.09	1.21	0.01	0.13	7.42	1.15
峡山口	0.23	6.38	0.25	6.84	0.17	4.51	3.65	0.56
凤台渡口	0.27	7.06	0.25	6.62	0.18	4.68	3.78	0.58
石头埠	0.22	5.98	0.25	6.90	0.20	5.38	3.62	0.56
大涧沟	0.20	5.21	0.25	6.51	0.23	5.99	3.84	0.59
新城口	0.23	6.00	0.25	6.43	0.22	5.57	3.89	0.60
涡河入淮口	0.20	6.47	0.05	1.62	0.50	16.18	3.09	0.48
蚌埠闸下	0.20	6.37	0.05	1.59	0.50	15.93	3.14	0.48
新铁桥	0.20	5.87	0.05	1.47	0.50	14.68	3.41	0.53
沫河口	0.20	5.87	0.05	1.47	0.50	14.67	3.41	0.53
小柳巷	0.38	8.54	0.20	4.50	0.20	4.50	4.45	0.69

2006年安徽省辖淮河干流整体水质状况属轻度污染。11个监测断面中，Ⅲ类水质断面占18%，Ⅳ类水质占82%，没有出现Ⅴ类和劣Ⅴ类断面。2006年安徽省辖淮河干流主要污染因子为氨氮、石油类、生化需氧量。各类污染因子污染分担率如图21-1所示，干流各断面水质污染程度排序如图21-2所示。2006年干流各断面中，王家坝入境断面的综合污染指数最高，是小柳巷出境断面综合污染指数的1.7倍，该断面的主要污染物是石油类、生化需氧量和高锰酸盐指数，

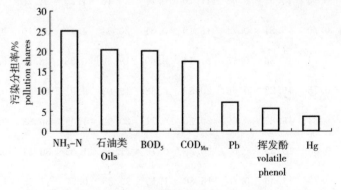

图21-1 干流评价因子污染分担率

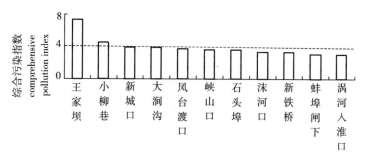

图 21-2　干流断面水质污染指数

其中石油类污染最重，年均值超标 3.6 倍。干流经过的城市段中，各市段污染程度是阜阳段＞淮南段＞蚌埠段。

七、建议教学时数：6～8 学时

思考题

1. 水样在分析测定之前，为什么进行预处理？预处理包括哪些内容？

2. 采集水样过程中应注意哪些？

实验二十二　市区空气污染指数
（API）的监测布点与评价

一、实验提要

空气污染指数（air pollution index，API）是一种评价空气质量好坏的指标，它将常规监测的几种空气污染物浓度简化成为单一的数值形式，并分级表征空气污染程度和空气质量状况，其结果简明直观，使用方便，是目前常用的评价城市空气质量的总体状况和年际变化及季节变化情况的方法。

我国现行空气污染指数以常规监测污染物 SO_2、NO_2 和 PM_{10} 等为指标，将各污染物浓度简化计算为单一数值，并采用分级表征空气质量优劣，规定污染物浓度限值（表 22-1）。现行 API 划分为 0～50、51～100、101～150、151～200、201～250、251～300 和大于 300 七档，对应于空气质量的优、良、轻微污染、轻度污染、中度污染、中度重污染和重污染七个级别，不同级别分别有相应的健康影响提示（表 22-2）。空气污染指数越大，级别越高，说明污染越严重，对人体健康的影响也越明显。

表 22-1　空气污染指数分级限值

转折点序号	污染指数	污染物浓度（mg/m³）				
	API	SO_2（日均值）	NO_2（日均值）	PM_{10}（日均值）	CO（时均值）	O_3（时均值）
1	50	0.050	0.080	0.050	5	0.120
2	100	0.150	0.120	0.150	10	0.200
3	200	0.800	0.280	0.350	60	0.400
4	300	1.600	0.565	0.420	90	0.800
5	400	2.100	0.750	0.500	120	1.000
6	500	2.620	0.940	0.600	150	1.200

表 22-2　空气污染指数及对应的空气质量类别

空气污染指数（API）	空气质量状况	对健康的影响	建议采取的措施
0～50	优	可正常活动	—
51～100	良		
101～150	轻微污染	易感人群症状有轻度加剧，健康人群出现刺激症状	心脏病和呼吸系统疾病患者应减少体力消耗和户外活动
151～200	轻度污染		
201～250	中度污染	心脏病和肺病患者症状显著加剧，运动耐受力降低，健康人群中普遍出现症状	老年人和心脏病、肺病患者应停留在室内，并减少体力活动
251～300	中度重污染		
>300	重污染	健康人运动耐受力降低，有明显强烈症状，提前出现某些疾病	老年人和病人应当留在室内，避免体力消耗，一般人群应避免户外活动

本实验为综合性实验，其内容包括：监测点布设和采样，测定 SO_2、NO_x 和 TSP 等指标浓度，计算空气污染指数（API），空气质量状况评价。

（一）实验目的

1. 学会监测网络的设计，掌握环境空气监测点的布设方法。

2. 掌握空气中 SO_2、NO_x 和 TSP 的采样和测定方法。

3. 根据监测结果，计算空气污染指数（API），确定该区域首要污染物、空气质量类别及空气质量状况。

（二）实验原理

通过测定不同监测点的 SO_2、NO_x、TSP 等各项污染物浓度，计算空气污染指数（API），结合环境空气质量标准，从而对环境空气质量进行评价。各种环境空气监测指标的分析方法见表 22-3 所列，各单位可根据待测区域实际情况来筛选监测指标。

表 22-3　环境空气监测指标及分析方法

监测指标	流量（L/min）	采气量（L）	分析方法	检出下限（mg/m³）	监测网	参考
TSP	100	72000	重量法	0.001	选测	GB/T 15432—1995 或实验十二
SO_2	0.5	30	甲醛缓冲溶液吸收-盐酸副玫瑰苯胺分光光度法	0.007	必测	HJ 482—2009 或实验十三

(续表)

监测指标	流量 (L/min)	采气量 (L)	分析方法	检出下限 (mg/m³)	监测网	参考
$NO_x(NO_2)$	0.4	20	盐酸萘乙二胺 分光光度法	0.012	必测	HJ 479—2009 或实验十四
PM_{10} ($PM_{2.5}$)	100	72000	重量法	0.01	必测	HJ 618—2011
CO	0.1	1	非分散红外法	0.125	必测	GB 9801—1988
O_3	0.5	30	靛蓝二磺酸钠 分光光度法	0.01	必测	HJ 504—2009

二、仪器、试剂及材料

本实验所需化学试剂、仪器及设备可参考各个指标的分析方法（表 22 - 3）。

三、实验内容

设计环境空气质量监测网，应能客观反映环境空气污染对人类生活环境的影响，并以本地区多年的环境空气质量状况及变化趋势、产业和能源结构特点、人口分布情况、地形和气象条件等因素为依据，充分考虑监测数据的代表性，按照监测目的确定监测网的布点（表 22 - 4）。

表 22 - 4　国家环境空气质量评价点设置数量要求

建成区城市人口（万人）	建成区面积（km²）	监测点数
<10	<20	1
10～50	20～50	2
50～100	50～100	4
100～200	100～150	6
200～300	150～200	8
>300	>200	按每 25～30km² 建成区面积设 1 个 监测点，并且不少于 8 个点

（一）监测区域环境调查

1. 环境概况

大气污染受气象、季节、地形、地貌等因素的影响随时间变化，因此应对待测区域内自然与社会环境特征进行调查。其中，自然环境资料包括地理位置与交通、所在区域的地形地貌、气象（包括风向、风速、气温、气压、降水量、相对湿度等）、自然资源（包括地表水、地下水、耕地、矿产等）、自然灾害等，社会环境资料包括当地工业、农业及人口概况、学校概况等。

2. 现状调查

对待测区域及其周边的大气污染源进行现场调查，可从工业企业、家庭炉灶与取暖设备、建筑施工、交通运输工具、室内等方面产生的空气污染进行分析，并将调查内容如实记录在相应的表格中。

3. 环境监测因子的筛选

根据国家环境空气质量标准、室内空气质量标准和待测区域及其周边的大气污染物排放情况来筛选监测项目。以高校校园为例，一般无特征污染物排放，可根据实际情况选择 TSP、SO_2、NO_2 等作为大气环境监测项目。

（二）监测点的布设

1. 布设采样点的原则和要求

（1）覆盖全部监测区：采样点应设在整个监测区域的高、中、低三种不同污染物浓度的地方。

（2）污染源集中区域：在污染源比较集中、主导风向比较明显的情况下，应将污染源的下风向作为主要监测范围，布设较多的采样点；上风向布设少量点作为对照。

（3）工业集中地区及工矿区多取点，农村可少些；人口密度大的地区多取点，城郊地区可少些。

（4）采样的周围应开阔，无局地污染源。

（5）各采样点的设置条件要尽可能一致或标准化，使获得的监测数据具有可比性。

（6）采样高度根据监测目的而定。

2. 采样点数目的确定（表 22 - 5）

表 22 - 5　我国大气环境污染例行监测采样点设置数目

市区人口（万人）	SO_2、NO_x、TSP	灰尘自然降尘量	硫酸化速率
＜50	3	≥3	≥6
50～100	4	4～8	6～12
100～200	5	8～11	12～18
200～400	6	12～20	18～30
＞400	7	20～30	30～40

3. 采样点布设方法

(1) 功能区布点法

按功能区的地形、气象、人口密度、建筑密度等，在每个功能区设若干采样点，采样点不要求平均。在污染源集中的工业区及人口较为密集的居住区多设点。这种布点方法一般用于区域性的常规监测。

(2) 网格布点法

网格布点法（图22-1）是将采样点设在两条直线的交点处或方格中心，待测区域地面划分成若干均匀网状方格。采样点设于每个网格中心，若主导风向明显，应在下风向设点约占采样点总数的60%。这种布点方法用于多个污染源，且污染源分布较均匀的地区。

(3) 同心圆布点法

同心圆布点法（图22-2）需要将放射线与圆周的交点作为采样点，先找出污染群的中心，以此为圆心在地面上画若干个同心圆，再从圆心作若干条放射线。例如，同心圆半径分别取4km、10km、20km、40km，从里向外各圆周上分别设4、8、8、4个采样点。常年主导风向的下风向比上风向多设一些点。

(4) 扇形布点法

扇形布点法（图22-3）的采样点设在扇形平面内距点源不同距离的若干弧线上。每条弧线上设3~4个采样点，扇形的角度一般为45°，不能超过90°，相邻两点与顶点连线的夹角一般取10°~20°。在上风向应设对照点。以点源所在位置为顶点，主导风向为轴线，在下风向地面上划出一个扇形区作为布点范围。这种布点方法主要适用于主导风向明显，且孤立的高架点源的地区。

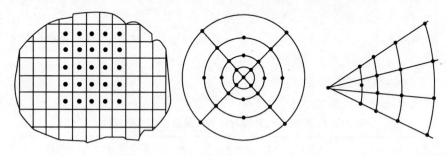

图22-1 网格布点法　　图22-2 同心圆布点法　　图22-3 扇形布点法

4. 注意事项

(1) 采用同心圆和扇形布点法时，应考虑高架点源排放污染物的扩散特点。在不计污染物本底浓度时，点源脚下的污染物浓度为零，随着距离增加，很快出现浓度最大值，然后按指数规律下降。因此，同心圆或弧线不宜等距离划分，而是靠近最大浓度值的地方密一些，以免漏测最大浓度的位置。

（2）以上几种采样布点方法，可以单独使用，也可以综合使用。在实际工作中，常采用一种布点法为主，兼用其他方法的综合布点法。其目的就是要有代表性地反映污染物浓度，为大气监测提供可靠的样品。

（三）样品采集

1. 采样频率和采样时间

采用自动监测方法进行环境空气质量监测，应按《环境空气质量自动监测技术规范》（HJ/T 193—2005）所规定的方法和技术要求进行。国家环境空气质量监测网中的空气质量评价点、空气质量背景点上的环境空气质量监测应优先选用自动监测方法。对于人工采样，确定采样频率和时间十分重要，合理的监测频率和采样时间可以较少的监测次数掌握代表性数据。大气监测的采样频率和采样时间随着监测目的、污染物成分的不同而不同，具体见表 22-6 所列。实际监测过程中可根据各地实际情况采用适合的采样时间与采样频率。例如，校园空气污染监测时，可将大气中的 SO_2、NO_x 等采用间歇性采样，一般每天采样三次得到各自的小时平均浓度，即 8：00、12：30 及 17：30，根据三次监测结果得出日均浓度；TSP、PM_{10} 每天采样一次，连续采样 12h，得出日均浓度。

表 22-6　采样频率和采样时间表

监测项目	采样时间和频率
二氧化硫	隔日采样，每天（24±0.5）h，每月 14～16d，每年 12 个月
氮氧化物	隔日采样，每天（24±0.5）h，每月 14～16d，每年 12 个月
总悬浮颗粒物	隔双日采样，每天连续（24±0.5）h，每月 5～6d，每年 12 个月
灰尘自然降尘量	每月采样（30±2）d，每年 12 个月
硫酸盐化速率	每月采样（30±2）d，每年 12 个月

2. 样品采集方法及采样仪器

样品 SO_2、NO_x 和 TSP 的采集方法及所用采样仪器见表 22-7 所列。

表 22-7　样品采集方法及采样仪器

监测指标	采样方法	采样仪器	备注
TSP	采用滤料阻留法，即将已恒重的滤膜置于采样夹上，用抽气装置抽气，则空气中的颗粒物被阻留在滤膜上，称量颗粒物质量，根据采样体积，计算空气中颗粒物的浓度	中流量颗粒采样器	

(续表)

监测指标	采样方法	采样仪器	备注
SO_2	采用溶液吸收法,即用抽气装置将欲测空气以一定流量抽入装有甲醛吸收液的吸收管,测定吸收液中 SO_2 含量,根据测得结果及采样体积计算大气中 SO_2 的浓度	空气采样器、多孔玻板吸收管	避免阳光照射
NO_x	采用溶液吸收法,即空气中的 NO_2 采用配制的吸收液采集,NO 先用酸性高锰酸钾溶液氧化,再用配制的吸收液采集,两者测定结果之和即为空气中 NO_x 含量	空气采样器、多孔玻板吸收瓶、氧化瓶	避免阳光照射,0℃～4℃冷藏,可稳定 3d
CO	采用直接采样法,即把采样管头部插入排气筒采样点位置,用排气筒中的气体清洗采样管和采气袋 2～3 次,然后用抽气泵把待测气引入采气袋,采满气袋,用弹簧夹夹住入口,带回实验室分析	采样管、抽气泵、采气袋	室温保存不超过 36h
O_3	采用溶液吸收法,即用内装靛蓝二磺酸钠吸收液的多孔玻板吸收管,罩上黑色避光套,以 0.5L/min 流量采气 5～30L。当吸收液褪色约 60% 时(与现场空白样品比较),应立即停止采样	空气采样器、多孔玻板吸收管	暗处存放可稳定 3d

(四)样品分析测试

样品中 SO_2、NO_x 和 TSP 的测定方法可参考表 22-3。

(五)空气污染指数(API)计算

待测区域 API 的计算步骤:

1. 求某污染物每一监测点的日均值

$$\bar{c}_{\text{点日均}} = \sum_{i-1}^{n} c_i / n \qquad\qquad (22-1)$$

式中：c_i——监测点逐时污染物浓度，mg/m^3；

$\quad\quad n$——监测点的日测试次数。

2. 求待测区域该污染物的日均值

$$\bar{\bar{c}}_{\text{市日均}} = \sum_{j-1}^{l} \bar{c}_{\text{点日均}} / l \qquad\qquad (22-2)$$

式中：l——待测区域监测点数，个。

3. 将各污染物的待测区域日均值分别代入 API 基本计算式（22-3），所得值便是每项污染物的 API 分指数。

4. API 分指数最大值即为待测区域 API。

四、实验数据整理

（一）采样记录

将待测区域大气污染源调查结果记录于表 22-8 中。

表 22-8 待测区域大气污染源情况调查

序号	污染源名称	数量	主要污染物	排放方式	治理措施
1					
2					
3					
4					
...					

SO_2 和 NO_x 的监测可采用相同的记录表格，其采样与分析测试数据记录见表 22-9 所列，PM_{10} 和 TSP 的采样测定记录见表 22-10 所列。

表 22-9 SO_2 和 NO_x 的监测采样与分析测试数据记录

监测点	监测日期	气象描述	起始时间	压力（kg）	温度（℃）	质量浓度（mg/m^3）	备注
1							
2							
3							
4							
...							

表 22 – 10   PM$_{10}$ 和 TSP 的监测采样与分析测试数据记录

监测点	监测日期	起始时间	压力（kg）	温度（℃）	质量浓度（mg/m³）	备注
1						
2						
3						
4						
...						

（二）测试结果

1. 将各空气污染指标的监测结果分别记录在表 22 – 11 和表 22 – 12 中。

表 22 – 11   SO$_2$ 和 NO$_2$ 监测结果

监测点	测点名称	样品数	检出率（%）	小时平均值		日均值	
				浓度范围（mg/m³）	超标率（%）	浓度范围（mg/m³）	超标率（%）
1							
2							
3							
4							
...							

表 22 – 12   TSP 和 PM$_{10}$ 监测结果

监测点	测点名称	样品数	检出率（%）	日均值	
				浓度范围（mg/m³）	超标率（%）
1					
2					
3					
4					
...					

2. 空气污染指数（API）的计算

空气污染指数计算方法如下：

当某种污染物浓度 $c_{i,j} \leqslant c_i \leqslant c_{i,j+1}$ 时，其污染分指数

$$I_i = \left[\ (c_i - c_{i,j})\ /\ (c_{i,j+1} - c_{i,j})\right] \times (I_{i,j+1} - I_{i,j})\ + I_{i,j} \qquad (22-3)$$

式中：I_i——第 i 种污染物的污染分指数；

　　　c_i——第 i 种污染物的浓度值；

　　　$c_{i,j}$，$I_{i,j}$——分别为第 i 种污染物 j 转折点的浓度值及污染分项指数；

　　　$c_{i,j+l}$，$I_{i,j+1}$——分别为第 i 种污染物 $j+1$ 转折点的浓度值及污染分项指数。

各种污染物不同转折点所对应的浓度值及污染分项指数见表 22-1 所列。各种污染指标的污染分指数都计算出以后，取最大者为该区域或城市的空气污染指数（API）。

$$API = \max\ (I_1,\ I_2,\ \cdots,\ I_i,\ \cdots,\ I_n) \qquad (22-4)$$

3. 学习案例

测定某地区的 PM_{10} 日均值为 0.215mg/m^3，SO_2 日均值为 0.105mg/m^3，NO_2 日均值为 0.080mg/m^3，则其污染指数的计算如下：按照表 22-1，PM_{10} 实测浓度为 0.215mg/m^3，介于 0.150mg/m^3 和 0.350mg/m^3 之间，按照此浓度范围内污染指数与污染物的线性关系进行计算，即此处浓度限值 $c_2 = 0.150$mg/m^3，$c_3 = 0.350$mg/m^3，而相应的分指数值 $I_2 = 100$，$I_3 = 200$，则 PM_{10} 的污染分指数为

$$I_1 = \left[\ (200-100)\ /\ (0.350-0.150)\right] \times (0.215-0.150)\ +100 = 132$$

这样，PM_{10} 的分指数 $I_1 = 132$；其他污染物的分指数分别为 $I_2 = 76$（SO_2），$I_3 = 50$（NO_2）。取污染指数最大者报告该地区的空气污染指数：

$$API = \max\ (132,\ 76,\ 50)\ = 132$$

首要污染物为可吸入颗粒物（PM_{10}）。

4. 环境空气质量评价

（1）根据大气污染源调查和各污染指标的监测结果，确定监测区域的大气污染类型。

（2）根据空气污染指数（API）的计算结果，确定监测区域的主要污染物。

（3）分析监测区域环境空气质量存在的问题，提出合理化的改善措施。

五、建议教学时数：6～8 学时

思考题

1. 常用的空气污染监测的布点方法有哪些？各有何特点？

2. 空气样品采集过程中需注意的问题有哪些？

3. 将指标 $PM_{2.5}$ 纳入环境空气质量评价有何意义？

实验二十三　室内空气质量监测与评价

一、实验提要

室内空气应无毒、无害、无异常嗅味。室内空气质量标准参数包括物理性、化学性、生物性、放射性等四大类共 19 个参数。各种污染物含量不应超过"室内空气质量标准"(GB/T 18883—2002) 所规定的限值。

室内空气监测时要符合选点要求、采样时间和频率、采样方法和仪器等规定。同时要有室内空气中各种参数检验方法的质量保证措施以保证测试结果和评价的科学性。

(一) 实验目的

1. 在已经学习并掌握相关单项监测技术的基础上,了解室内空气质量监测的全过程,包括现场调查、监测计划设计、优化布点、样品采集、运送保存、分析测试、数据处理、综合评价等。

2. 要求学生掌握针对不同类型空间的监测项目的选择,对选定空间的空气质量进行监测,掌握相关指标与污染物的测定方法。

3. 学会应用室内空气质量标准评价所测结果,并根据评价结果分析污染物来源和影响因素,为优化室内空气质量提供依据。

4. 训练学生科学处理监测数据的能力,培养学生团结协作的精神和综合分析问题、解决问题的能力。

(二) 实验原理

各实验组可根据选定的待测室内空气特点确定监测项目,室内空气质量部分参数的检验方法见表 23 - 1 所列。

1. 采样

选点要求:采样点的数量根据监测室内面积大小和现场情况而确定,以期能正确反映室内空气污染物的水平。原则上小于 $50m^2$ 的房间应设 1~3 个点;50~100m^2 设 3~5 个点;100m^2 以上至少设 5 个点。点设在对角线上或按梅花式均匀分布。

表 23 - 1　室内空气中各参数的检验方法

参数类别	参数	检验方法	参考
化学性	CO	不分光红外线气体分析法 气相色谱法、非分散红外法	GB/T 18204.23 GB 9801—1988
	CO_2	不分光红外线气体分析法 气相色谱法	GB/T 18204.24
	氨（NH_3）	靛酚蓝分光光度法 纳氏试剂分光光度法	GB/T 18204.25 GB/T 14668
	臭氧（O_3）	紫外光度法 靛蓝二磺酸钠分光光度法	GB/T 15438 GB/T 18204.27、GB/T 15437
	甲醛 （HCHO）	AHMT 分光光度法 酚试剂分光光度法	GB/T 16129 GB/T 18204.26
	苯、甲苯、 二甲苯	气相色谱法	GB 11737
	TVOC	气相色谱法	GB/T 18883 附录 C
	PM_{10}	重量法	HJ 618—2011
生物性	菌落总数	撞击法	GB/T 18883 附录 D
放射性	氡^{222}Rn	闪烁瓶测量方法	GB/T 16147
物理性	温度	温度计法	GB/T 18204.13
	相对湿度	干湿表法	GB/T 18204.13
	空气流速	热球式电风速计法	GB/T 18204.15

采样点应避开通风口，离墙壁距离应大于 0.5m。采样点的高度原则上与人的呼吸带高度相一致，相对高度 0.5～1.5m 之间。

采样时间和频率：年平均浓度至少采样 3 个月，日平均浓度至少采样 18h，8h 平均浓度至少采样 6h，1h 平均浓度至少采样 45min，采样时间应涵盖通风最差的时间段。

采样方法和采样仪器：根据污染物在室内空气中存在状态选用合适的采样方

法和仪器，用于室内的采样器的噪声应小于 50dB。具体采样方法应按各个污染物检验方法中规定的方法和操作步骤进行。

筛选法采样：采样前关闭门窗 12h，采样时关闭门窗，至少采样 45min。

累积法采样：当采用筛选法采样达不到本标准要求时，必须采用累积法（按年平均、日平均、8h 平均值）的要求采样。

2. 质量保证措施

气密性检查：有动力采样器在采样前应对采样系统气密性进行检查，不得漏气。

流量校准：采样系统流量要能保持恒定，采样前和采样后要用一级皂膜计校准采样系统进气流量，误差不超过 5%。

空白检验：在一批现场采样中应留有两个采样管不采样，并按其他样品管一样对待，作为采样过程中空白检验。若空白检验超过控制范围，则这批样品作废。

仪器使用前应按仪器说明书对仪器进行检验和标定。

在计算浓度时应用式（23-1）将采样体积换算成标准状态下的体积：

$$V_0 = V \frac{T_0}{T} \cdot \frac{P}{P_0} \qquad\qquad (23-1)$$

式中：V_0——换算成标准状态下的采样体积，L；

V——采样体积，L；

T_0——标准状态下的绝对温度，237K；

T——采样时采样点现场的温度（t）与标准状态下的绝对温度之和，$(t+237)$K；

P_0——标准状态下的大气压力，101.3kPa；

P——采样时采样点现场的大气压力，kPa。

二、仪器、试剂及材料

本实验所需化学试剂、仪器及设备可参考各个参数的分析方法。

三、实验内容和任务

实验以小组形式独立完成，实验任务包括选定监测目标、制订监测方案、实施监测方案、完成监测评价报告。

（一）监测方案的制订

以书面形式制订，应包括：

1. 监测区域基本情况，如建筑物使用性质、使用情况等基本资料。

2．监测项目的确定，包括室内温度、相对湿度、空气流速等基本参数的测定，根据国家标准选择测定项目如甲醛、苯、氨、TVOC、细菌总数、氡等参数。

3．监测点的布设，包括采样点的数量、位置等。

4．采样频率和时间的确定。

5．采样方法、监测方法的选定。

6．评价标准的确定：根据监测内容和任务选择相应的评价标准。

（二）监测方案的实施

根据已确定的监测设计方案，从准备试剂、调试仪器、采集样品到分析测定全过程，由实验小组分工合作，应使各个环节的工作有序、协调地进行，独立完成。指导教师给予指导和配合。

（三）撰写监测评价报告

报告内容应包括：监测目的、监测区域概况、检测方法、数据处理、结果讨论、监测区域室内空气质量评价、建议等。

四、实验时间安排

各小组根据具体情况，科学合理地安排时间。部分内容可利用课余时间进行，但总体应在教学计划规定时间内完成。

学习案例

某学院楼室内空气质量监测与评价

一、实验目的

1．在已经学习并掌握相关单项监测技术的基础上，了解室内空气质量监测的全过程，包括现场调查、监测计划设计、优化布点、样品采集、运送保存、分析测试、数据处理、综合评价等。

2．对所选定的建筑物进行室内空气质量监测。掌握室内空气质量各项指标的测定方法和结果分析。

3．学会应用室内空气质量标准评价所测结果，并根据评价结果分析污染物来源和影响因素，为优化室内空气质量提供依据。

二、基础资料的准备

1．建筑物基本情况

学校某学院楼位于校西北面，框架结构，共五层，十个月前交付使用。大楼一、三、四层为实验室用房，二层为办公室和研究室，五层为教室。

表1 楼层室内简况一览表

房间类别	地面	墙面	顶面	室内布置情况
教室	瓷砖	涂料	涂料	高密度板材课桌椅
实验室	瓷砖	涂料	涂料	专用实验桌（柜体为防火板，桌面为实心理化板）
办公室	瓷砖	涂料	涂料	实木办公桌椅

2. 监测空间区域的选择及采样点的布置

根据学院楼各层使用情况和装修装饰情况，分别在每层选择不同的房间进行检测。具体见表2所列。

表2 监测标本房间情况一览表

监测地点	使用类别	大小（m²）	采样检测点数
103	实验室	150	5
104	实验室	75	3
108	实验室	38	2
201	办公室	38	2
204	研究室	38	2
207	办公室	38	2
301	实验仪器室	38	2
305	实验室	113	4
306	实验室	113	4
401	设计室	150	5
402	实验室	30	2
405	实验室	150	5
503	教室	75	4
506	教室	150	6
509	教室	150	6

三、监测项目及采样

根据学院楼实际装修、使用情况，选择监测项目为物理性的温度、湿度，化学性的甲醛、TVOC。采样时间和监测项目所用方法按 GB/T 18883—2002 规定进行。具体方法见表 3 所列。

1. 采样

采样选择在监测时间段的每天早上进行,采样前将所选房间门窗关闭 12h,采样时关闭门窗,以对角线或梅花式均匀布点,采样点避开通风口,离墙壁距离 1m,采样点高度 0.9m。

2. 监测项目和方法

表 3　检测项目、方法、仪器一览表

监测项目	采样方法	流量 (L/min)	采样时间 (min)	检测方法	仪器
温度				温度计法	玻璃温度计
相对湿度				干湿表法	干湿球温度计
甲醛	溶液吸收	1.0	20	AHMT 分光光度法	气体采样器、分光光度计
TVOC	吸附管采集	0.2	30	热解吸/气相色谱法	采样泵、热解吸仪、气相色谱仪

四、数据处理与监测结果

1. 采样日期为 4 月 14 日、15 日,天气晴

表 4　监测结果数据

序号	监测地点	环境参数		检测项目平均值	
		温度 (℃)	相对湿度 (%)	甲醛 (mg/m³)	TVOC (mg/m³)
1	103	20	56	0.079	0.15
2	104	19	60	0.071	0.14
3	108	19	60	0.077	0.16
4	201	21	55	0.045	0.12
5	204	20	55	0.049	0.15
6	207	21	55	0.039	0.16
7	301	22	54	0.070	0.14

序号	监测地点	环境参数		检测项目平均值	
		温度 （℃）	相对湿度 （%）	甲醛 （mg/m³）	TVOC （mg/m³）
8	305	21	54	0.085	0.17
9	306	20	56	0.112	0.21
10	401	21	55	0.119	0.43
11	402	20	54	0.054	0.28
12	405	20	56	0.071	0.15
13	503	22	53	0.045	0.13
14	506	21	53	0.064	0.24
15	509	22	53	0.074	0.33

2. 监测结果分析与评价

对照"室内空气质量标准"（GB/T 18883—2002）所规定的限值，甲醛：0.1mg/m³；TVOC：0.6mg/m³，所监测的 15 个房间空气中的甲醛浓度有 13 个低于限值，87% 符合标准，两个房间略超限值。采样房间的 TVOC 全部低于限值，100% 合格。

306 室甲醛超标，分析原因可能是该实验室内布置实验桌较多，另有多个密度板的仪器柜等实验室家具，安装完成时间较短。

401 室是设计室，室内放置 68 套绘图桌椅，主要材质为中密度板，且启用时间较短，可能是造成甲醛超标的原因。

3. 建议

对于两个超标的房间，经打开门窗通风半小时后再采样检测甲醛，浓度均在0.05mg/m³ 以下，符合室内空气标准。因此建议：

（1）新建的实验室和教室在学生进入前应先开门窗通风，平时不使用的时间段可将各类柜门打开，加快材料中甲醛的挥发；

（2）对现阶段超标的房间，在通风使用一段时间后应进行复检。

实验二十四　土壤环境质量监测与评价

一、实验提要

　　土壤是指陆地表面具有肥力、能够生长植物的疏松表层，其厚度一般在2m左右。土壤不但为植物生长提供机械支撑能力，并能为植物生长发育提供所需要的水、肥、气、热等肥力要素。近年来，由于人口急剧增长，工业迅猛发展，固体废物不断向土壤表面堆放和倾倒，有害废水不断向土壤中渗透，大气中的有害气体及飘尘也不断随雨水降落在土壤中，导致了土壤污染。污染物进入土壤的途径是多样的，废气中含有的污染物质，特别是颗粒物，在重力作用下沉降到地面进入土壤，废水中携带大量污染物进入土壤，固体废物中的污染物直接进入土壤或其渗出液进入土壤。其中最主要的是污水灌溉带来的土壤污染。农药、化肥的大量使用，造成土壤有机质含量下降，土壤板结，也是土壤污染的来源之一。土壤污染除导致土壤质量下降、农作物产量和品质下降外，更为严重的是土壤对污染物具有富集作用，一些毒性大的污染物，如汞、镉等富集到作物果实中，人或牲畜食用后发生中毒。因此，对土壤进行质量监测是十分必要的。

　　本实验为设计性综合实验，其内容包括：基础资料收集、采样点布设、确定监测项目及监测方法、数据处理及土壤环境质量评价等。

二、实验目的和要求

　　1. 掌握土壤环境质量调查监测方案的制订方法。

　　2. 熟悉土壤样品的采集和预处理技术。

　　3. 了解土壤环境质量监测基本项目。

　　4. 掌握土壤环境污染因子的监测方法，并能够结合相关环境标准正确评价调查区域的土壤环境质量。

三、实验内容

(一) 基础资料的收集

广泛地收集相关资料,有利于科学、优化布设监测点和后续监测工作,以及为土壤环境质量评价提供指导,主要包括自然环境和社会环境两个方面的资料。

1. 自然环境:土壤类型、植被、土地利用、区域土壤元素背景值、水系、自然灾害、水土流失、地下水、地质、地形地貌、气象等。

2. 社会环境:工农业生产布局、工业污染源种类及分布、污染物种类及排放途径和排放量、农药和化肥使用状况、污水灌溉及污泥施用状况、人口分布、地方病等。

(二) 监测项目

根据监测目的确定监测项目。例如,背景值调查研究是为了了解土壤中各种元素的含量水平,要求测定项目较多;污染事故监测仅测定可能造成土壤污染的项目;土壤质量监测测定影响自然生态和植物正常生长及危害人体健康的项目。

我国土壤污染常规监测项目:

(1) 金属化合物:镉、铬、铜、汞、铅、锌;

(2) 非金属无机化合物:砷、氰化物、氟化物、硫化物等;

(3) 有机、无机化合物:苯并芘、三氯乙醛、油类、挥发酚、DDT、六六六等。

(三) 采样器具准备

1. 工具类:铁锹、铁铲、圆状取土钻、螺旋取土钻、竹片及适合特殊采样要求的工具等。

2. 器材类:GPS、数码照相机、卷尺、样品袋、样品箱等。

3. 文具类:标签纸、采样记录表、铅笔、资料夹等。

(四) 采样点数量及布设方法

1. 采样点数量

采样点数量要根据监测目的、区域范围大小及其环境状况等因素确定。监测区域大、区域环境状况复杂,布设采样点就要多;监测范围小,其环境状况差异小,布设采样点数量就少。一般每个采样单元最少设 3 个采样点。

2. 采样点布设方法

(1) 对角线布点法:适用于面积较小、地势平坦的污水灌溉或污染河水灌溉的田块。由田块进水口引一对角线,对角线至少 5 等分,以等分点为采样点,如图24-1(a)所示。若土壤差异性大,可增加采样点。

(2) 梅花形布点法:适用于面积较小、地势平坦、土壤物质和污染程度较均匀的地块。中心分点设在地块两对角线相交处，一般设 5～10 个采样点，如图 24-1（b）所示。

（3）棋盘式布点法：适用于中等面积、地势平坦、地形完整开阔，但土壤较不均匀的地块，一般设 10 个以上采样点，如图 24-1（c）所示。该法也适用于受固体废物污染的土壤，因为固体废物分布不均匀，应设 20 个以上采样点。

（4）蛇形布点法：适用于面积较大、地势不很平坦、土壤不够均匀的田块。布设采样点数目较多，如图 24-1（d）所示。

（5）放射状布点法：适用于大气污染型土壤。以大气污染源为中心，向周围画射线，在射线上布设采样点。在主导风向的下风向适当增加分点之间的距离和采样点的数量，如图 24-1（e）所示。

（6）网格布点法：适用于地形平缓的地块。将地块划分成若干均匀网状方格，采样点设在两条直线的交点处或方格的中心，如图 24-1（f）所示。农用化学物质污染型土壤、土壤背景值调查常用这种方法。

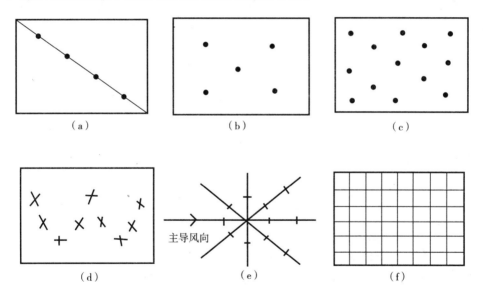

图 24-1　土壤采样点布设方法

对于综合污染型土壤，还可以采用两种或两种以上布点方法相结合的方法。

（五）采样时间及采样频率

为了解土壤污染状况，可随时采集样品进行测定。如需同时掌握在土壤上生长的作物受污染状况，可依季节变化或作物收获期采集。《农田土壤环境监测技术规范》规定，一般土壤在农作物收获期采样测定，必测项目一年测定一次，其他项目 3～5 年测定一次。

（六）样品分析方法

表 24 - 1 土壤质量监测分析方法（必测元素部分）

监测项目		监测分析方法	方法来源
必测元素	镉	石墨炉原子吸收分光光度法	GB/T 17141—1997
		KI - MIBK 萃取原子吸收分光光度法	
	总汞	冷原子荧光法	中国环境监测总站
		冷原子吸收法	GB/T 17136—1997
	总砷	二乙基二硫代氨基甲酸银分光光度法	GB/T 17134—1997
		硼氢化钾-硝酸银分光光度法	GB/T 17135—1997
		氢化物-原子荧光法	中国环境监测总站
	铜	火焰原子吸收分光光度法	GB/T 17138—1997
	铅	石墨炉原子吸收分光光度法	GB/T 17141—1997
		KI - MIBK 萃取原子吸收分光光度法	GB/T 17140—1997
	总铬	火焰原子吸收分光光度法	GB/T 17137—1997
		二苯碳酰二肼分光光度法	中国环境监测总站
	锌	火焰原子吸收分光光度法	GB/T 17138—1997
	镍	火焰原子吸收分光光度法	GB/T 17139—1997
	六六六	气相色谱法	GB/T 14550—1997
	滴滴涕	气相色谱法	GB/T 14550—1997
	pH	pH 玻璃电极法	中国环境监测总站

（七）土壤质量评价

土壤质量评价以单项污染指数为主。当区域内土壤质量作为一个整体与外区域土壤质量比较时，或一个区域内土壤质量在不同历史阶段比较时，应用综合污染指数评价。

$$土壤单项污染指数 = \frac{污染物实测值}{污染物质量标准值（污染物背景值）}$$

$$土壤综合污染指数 = \sqrt{\frac{（平均单项污染指数）^2 + （最大单项污染指数）^2}{2}}$$

综合污染指数全面反映了各污染物对土壤的不同作用，同时又突出了高浓度污染物对土壤环境质量的影响，适于用来评价土壤环境的质量等级，表 24 - 2 为《农田土壤环境质量监测规范》划定的土壤污染分级标准。

表 24－2　农田土壤污染分级标准

土壤级别	综合污染指数 （$P_综$）	污染等级	污染水平
1	$P_综 \leqslant 0.7$	安全	清洁
2	$0.7 < P_综 \leqslant 1.0$	警戒限	尚清洁
3	$1.0 < P_综 \leqslant 2.0$	轻污染	土壤污染超过背景值，作物开始污染
4	$2.0 < P_综 \leqslant 3.0$	中污染	土壤、作物均受到中度污染
5	$P_综 > 3.0$	重污染	土壤、作物受污染已相当严重

（八）注意事项

1. 采样现场填写土壤样品标签、采样记录、样品登记表。土壤标签（图 24-1）一式两份，1 份放入样品袋内，1 份扎在袋口。

2. 测定重金属的样品，尽量用竹铲、竹片直接采集样品。

表 24－3　土壤样品标签

土壤样品标签	
样品标号＿＿＿＿＿＿＿	业务代号＿＿＿＿＿＿＿
样品名称＿＿＿＿＿＿＿＿＿＿＿＿＿＿＿＿＿＿＿	
土壤类型＿＿＿＿＿＿＿＿＿＿＿＿＿＿＿＿＿＿＿	
监测项目＿＿＿＿＿＿＿＿＿＿＿＿＿＿＿＿＿＿＿	
采样地点＿＿＿＿＿＿＿＿＿＿＿＿＿＿＿＿＿＿＿	
采样深度＿＿＿＿＿＿＿＿＿＿＿＿＿＿＿＿＿＿＿	
采样人＿＿＿＿＿＿＿＿＿	采样时间＿＿＿＿＿＿＿

四、学习案例

近 30 年来，随着经济和城市化的快速发展，大量城市和工业污染物向农村和农业环境转移，加上化肥、农药的不合理施用，使得土壤环境污染物种类和数量、发生的地域和规模、危害特点等都发生了很大变化。而且长期以来，我国开展的环境监测与评价的研究与实践工作，多数集中在城市及其周边，开展农村环境质量监测与评价的研究与实践较少，尤其农村土壤环境质量的定点长期监测与评价几乎处于空白。

本文监测和研究的村庄靠近矿区，以种植业为主，水稻、果蔬、果树为其支柱产业，林业产值和劳务输出收入也是主要的经济来源；村庄大多为祖居村落，布局无序，规划不够合理，村庄巷道、排水沟渠缺乏铺装，硬化程度低，尘土、泥泞、积水严重，未建垃圾处理设施，生活垃圾乱堆乱放，有的甚至倒入河中，严重影响村民生活质量。本文进行的土壤环境质量监测与评价研究，将为全面开展农村土壤环境质量监测发挥先导作用,为保护和改善农村土壤环境质量提供基础数据和科学依据。

(一)布点与采样

以村为单元,菜地布设3个监测点位,基本农田布设3个监测点位,选择两类重点污染场地各布设3个监测点位,共计监测12个点位。采集0~20cm表层土壤。在1m²内5点取样,等量均匀(四分法)混合后为1个样品,采样量为1kg。将取回的土样摊放在铺有洁净牛皮纸的实验台上风干,剔除石块残根等杂物,用木棍辗压,过1mm尼龙筛,备用;取四分之一,进一步用玛瑙研钵研细,过0.149mm尼龙筛,供分析测定用。

(二)监测指标

(1)土壤理化性质:pH、阳离子交换量。

(2)无机污染物:砷、镉、钴、铬、铜、汞、镍、铅、硒、锌等元素的含量。

(3)有机污染物:根据当地施用农药种类,监测六六六和滴滴涕有机氯农药。

(三)评价标准

土壤环境质量评价采用《土壤环境质量标准》(GB 15618—1995)二级标准和环保部《全国土壤污染状况评价技术规定》(环发〔2008〕39号)中的评价标准。

(四)评价方法

1. 单因子指数法

$$土壤单项污染指数 = \frac{污染物实测值}{污染物质量标准值(污染物背景值)}$$

2. 综合污染指数法

$$土壤综合污染指数 = \sqrt{\frac{(平均单项污染指数)^2 + (最大单项污染指数)^2}{2}}$$

(五)数据处理及统计

实验结果采用Excel和SPSS软件进行统计分析。

(六)监测结果

表24-4　土壤监测污染物含量　　　(单位:mg/kg,n=12)

项目	pH	CEC	铜	锌	镍	铅	铬	钴	镉	硒	汞	砷	六六六(μg/kg)	滴滴涕(μg/kg)
平均值	4.88	9.57	203.78	190.84	23.97	195.30	49.99	6.79	0.37	0.91	0.14	55.14	3.33	5.31
背景值	4.75	9.17	12.00	61.00	14.40	36.34	54.65	8.05	0.066	0.58	0.038	10.30	0.13	0.30
标准差	0.73	2.72	112.84	79.63	4.89	103.71	9.49	1.10	0.14	0.60	0.05	50.15	2.45	3.80
最大值	6.50	15.46	404.80	308.20	32.27	432.90	67.21	8.79	0.68	1.93	0.25	180.40	8.17	12.61

（续表）

项目	pH	CEC	铜	锌	镍	铅	铬	钴	镉	硒	汞	砷	六六六 (μg/kg)	滴滴涕 (μg/kg)
最小值	3.89	5.70	52.94	98.90	17.97	81.96	36.72	5.51	0.23	0.31	0.09	11.44	1.13	1.69
变异系数(%)	14.87	28.44	55.38	41.73	20.41	53.10	18.99	16.19	37.82	65.74	25.78	90.95	73.67	71.68
超标率(%)	—	—	75.0	33.3	0.0	33.3	0.0	0.0	58.3	41.7	0.0	58.3	0.0	0.0

（七）污染物评价

1.单因子评价

表24-5　土壤污染物单项污染指数

项目	单项污染指数 P_i											
	铜	锌	镍	铅	铬	钴	镉	硒	汞	砷	六六六	滴滴涕
平均值	3.82	0.95	0.60	0.78	0.23	0.17	1.23	0.91	0.48	1.84	0.01	0.01
最大值	8.10	1.54	0.81	1.73	0.41	0.22	2.27	1.93	0.82	6.01	0.02	0.03
最小值	0.35	0.49	0.45	0.33	0.15	0.14	0.76	0.31	0.29	0.38	0.00	0.00
超标率(%)	75.0	33.3	0.0	33.3	0.0	0.0	58.3	41.7	0.0	58.3	0.0	0.0

2.综合污染指数

表24-5　土壤污染物综合污染指数

综合污染等级	综合污染指数	污染水平	样品数	占总样本百分数（%）
1	$P_综 \leqslant 0.7$	安全	0	0.0
2	$0.7 < P_综 \leqslant 1.0$	警戒限	3	25.0
3	$1.0 < P_综 \leqslant 2.0$	轻污染	1	8.3
4	$2.0 < P_综 \leqslant 3.0$	中污染	3	25.0
5	$P_综 > 3.0$	重污染	5	41.7

五、建议教学时数：8～10学时

思考题

1.土壤重金属污染项目采用何种材质的采样器具采样？

2.测定挥发性和不稳定组分能否用风干土壤样品？如果用新鲜土壤样品，如何保存鲜土？

附录一 实验室安全规则

实验室是从事科学研究和实践教学的重要场所，同时存在各种危及人身和财产安全的危险因素。因此，实验室必须按"四防"（防火、防盗、防破坏、防治安灾害事故）要求，建立健全各级安全责任人的安全责任制和各种安全制度，加强安全管理，尤其要杜绝化学实验中，经常使用的各种化学药品、水、电、煤气以及高温、低温、高压、真空、高电压、高频和带有辐射源的实验条件和仪器等对生命和财产安全造成的巨大危害，最大限度地发挥实验室的使用功能。实验室的安全使用，必须遵守以下规则。

一、重要规定

（一）穿着规定

1. 进入实验室，必须按规定穿戴必要的工作服。

2. 进行危害物质、挥发性有机溶剂、特定化学物质或其他环保部门列管毒性化学物质等化学药品的操作实验或研究，必须要穿戴防护具如防护口罩、防护手套、防护眼镜等。

3. 实验中，严禁戴隐形眼镜，防止化学药剂溅入眼镜而腐蚀眼睛。

4. 长发及松散衣服须妥善固定。在处理药品的所有过程中需穿着鞋子。

5. 高温操作实验，必须戴防高温手套。

（二）饮食规定

1. 严禁在实验室内吃、喝食物。进食需在实验室规定的安全区域内进行。

2. 使用化学药品后需先用肥皂或洗手液洗净双手方能进食。

3. 食物禁止储藏在储有化学药品的冰箱或储藏柜中。

（三）药品领用、存储及操作相关规定

1. 操作危险性化学药品请务必遵守操作守则或操作流程进行实验；勿自行更改实验流程。

2. 领取药品时，仔细确认容器上标示中文名称是否为需要的实验用药品。

3. 领取药品时，看清楚药品危害标示和图样，看清楚药品是否有危害。

4. 使用挥发性有机溶剂，强酸强碱性、高腐蚀性、有毒性的药品必须要在

特殊排烟柜及桌上型抽烟管下进行操作。

5. 有机溶剂，固体化学药品，酸、碱化合物均需分开存放，挥发性的化学药品更必须放置于具抽气装置的药品柜中。

6. 高挥发性或易于氧化的化学药品必须存放于冰箱或冰柜之中。

7. 避免独自一人在实验室做危险实验。

8. 若须进行无人监督的实验，须充分考虑实验装置的防火、防爆、防水灾性能，且保持实验室照明，并在门上留下紧急处理时联络人电话及可能造成的灾害。

9. 做危险性实验时必须经实验室主任批准，有两人以上在场方可进行，节假日和夜间严禁做危险性实验。

10. 做有危害性气体的实验必须在通风橱里进行。

11. 做放射性、激光等对人体危害较重的实验，应制定严格安全措施，做好个人防护。

12. 废弃药液或过期药液或废弃物必须依照分类标示清楚，药品使用后的废（液）弃物严禁倒入水槽或水沟，应列入专用收集容器中回收。

（四）用电安全相关规定

1. 实验室内的电气设备的安装和使用管理，必须符合安全用电管理规定，大功率实验设备用电必须使用专线，严禁与照明线共用，谨防因超负荷用电着火。

2. 实验室用电容量的确定要兼顾事业发展的增容需要，留有一定余量。但不准乱拉、乱接电线。

3. 实验室内的用电线路和配电盘、板、箱、柜等装置及线路系统中的各种开关、插座、插头等均应经常保持完好可用状态，熔断装置所用的熔丝必须与线路允许的容量相匹配，严禁用其他导线替代。室内照明器具都要经常保持稳固可用状态。

4. 可能散布易燃、易爆气体或粉体的建筑内，所用电器线路和用电装置均应按相关规定使用防爆电气线路和装置。

5. 对实验室内可能产生静电的部位、装置要心中有数，要有明确标记和警示，对其可能造成的危害要有妥善的预防措施。

6. 实验室内所用的高压、高频设备要定期检修，要有可靠的防护措施。凡设备本身要求安全接地的，必须接地；定期检查线路，测量接地电阻。自行设计、制作对已有电气装置进行自动控制的设备，在使用前必须经实验室与设备处技术安全办公室组织的验收合格后方可使用。自行设计、制作的设备或装置，其中的电气线路部分，也应请专业人员查验无误后再投入使用。

7. 实验室内不得使用明火取暖，严禁抽烟。必须使用明火实验的场所，须经批准后，才能使用。

8. 手上有水或潮湿请勿接触电器用品或电器设备；严禁使用水槽旁的电器插座（防止漏电或感电）。

9. 实验室内的专业人员必须掌握实验室的仪器、设备的性能和操作方法，严格按操作规程操作。

10. 机械设备应装设防护设备或其他防护罩。

11. 电器插座勿接太多插头，以免电荷负荷不了，引起电器火灾。

12. 如电器设备无接地设施，请勿使用，以免产生感电或触电。

（五）压力容器安全规定

1. 气瓶应专瓶专用，不能随意改装其他种类的气体。

2. 气瓶应存放在阴凉、干燥、远离热源的地方，易燃气体气瓶与明火距离不小于 5m；氢气瓶最好隔离。

3. 气瓶搬运要轻、要稳，放置要牢靠。

4. 各种气压表一般不得混用。

5. 氧气瓶严禁油污，注意手、扳手或衣服上的油污。

6. 气瓶内气体不可用尽，以防倒灌。

7. 开启气门时应站在气压表的一侧，不准将头或身体对准气瓶总阀，以防万一阀门或气压表冲出伤人。

8. 搬运应确知护盖锁紧后才进行。

9. 容器吊起搬运不得用电磁铁、吊链、绳子等直接吊运。

10. 厂内移动尽量使用手推车，务求安稳直立。

11. 以手移动容器，应直立移动，不可卧倒滚运。

12. 用时应加固定，容器外表颜色应保持鲜明容易辨认。

13. 确认容器的用途无误时方可使用。

14. 每月检查管路是否漏气。

15. 查压力表是否正常。

（六）环境卫生

1. 实验室应注重环境卫生，并须保持整洁。

2. 为减少尘埃飞扬，洒扫工作应于工作时间外进行。

3. 有盖垃圾桶应常清除消毒以保环境清洁。

4. 垃圾清除及处理，必须合乎卫生要求，应按指定处所倾倒，不得任意倾倒堆积、影响环境卫生。

5. 凡有毒性或易燃的垃圾废物，均应特别处理，以防火灾或有害人体健康。

6. 窗面及照明器具透光部分均须保持清洁。

7. 保持所有走廊、楼梯通行无阻。

8. 油类或化学物溢满地面或工作台时应立即擦拭冲洗干净。

9. 养成使用人员有随时拾捡地上杂物的良好习惯，以确保实验场所清洁。

10. 垃圾或废物不得堆积于操作地区或办公室内。

11. 盥洗室、厕所、水沟等应经常保持清洁。

二、安全防护

(一) 防火

1. 防止煤气管、煤气灯漏气，使用煤气后一定要把阀门关好。

2. 乙醚、酒精、丙酮、二硫化碳、苯等有机溶剂易燃，实验室不得存放过多，切不可倒入下水道，以免集聚引起火灾。

3. 金属钠、钾、铝粉、电石、黄磷以及金属氢化物要注意使用和存放，尤其不宜与水直接接触。

4. 万一着火，应冷静判断情况，采取适当措施灭火；可根据不同情况，选用水、沙、泡沫、CO_2 或 CCl_4 灭火器灭火。

(二) 防爆

1. 化学药品的爆炸分为支链爆炸和热爆炸

(1) 氢、乙烯、乙炔、苯、乙醇、乙醚、丙酮、乙酸乙酯、一氧化碳、水煤气和氨气等可燃性气体与空气混合至爆炸极限，一旦有一热源诱发，极易发生支链爆炸。

(2) 过氧化物、高氯酸盐、叠氮铅、乙炔铜、三硝基甲苯等易爆物质，受震或受热可能发生热爆炸。

2. 防爆措施

(1) 防止支链爆炸，主要是防止可燃性气体或蒸气散失在室内空气中，保持室内通风良好。当大量使用可燃性气体时，应严禁使用明火和可能产生电火花的电器。

(2) 预防热爆炸，强氧化剂和强还原剂必须分开存放，使用时轻拿轻放，远离热源。

(三) 防灼伤

除了高温以外，液氮、强酸、强碱、强氧化剂、溴、磷、钠、钾、苯酚、醋酸等物质都会灼伤皮肤；应注意不要让皮肤与之接触，尤其防止溅入眼中。

(四) 防辐射

1. 化学实验室的辐射，主要是指 X - ray，长期反复接受 X - ray 照射，会导致疲倦、记忆力减退、头痛、白细胞降低等。

2. 防护的方法就是避免身体各部位（尤其是头部）直接受到 X-ray 照射，操作时需要屏蔽时，屏蔽物常用铅、铅玻璃等。

（五）实验室伤害的预处理

1. 普通伤口：以生理食盐水清洗伤口，以胶布固定。

2. 烧烫（灼）伤：先用冷水冲洗 15～30min 至散热止痛，再以生理食盐水擦拭，勿涂抹药膏、牙膏、酱油或以纱布遮盖，然后紧急送至医院。烧烫（灼）伤产生的水泡不可自行刺破，应由医疗机构处置。

3. 化学药物灼伤：先立即用洁净的纱布拭去药物，再用大量清水冲洗，然后用消毒纱布或消毒过的布块覆盖伤口，紧急送至医院处理。

三、"三废"处理

（一）废气

1. 产生少量有毒气体的实验应在通风橱内进行。通过排风设备将少量毒气排到室外。

2. 产生大量有毒气体的实验必须具备吸收或处理装置。

（二）废渣

少量有毒的废渣应埋于地下固定地点。大量的废渣应按环保部门的要求送往指定的地点集中处理。

（三）废液

1. 对于废酸液，可先用耐酸塑料网纱或玻璃纤维过滤，然后加碱中和，调 pH 值至 6～9 后可排出，少量废渣埋于地下。

2. 对于剧毒废液，必须采取相应的措施，消除毒害作用后再进行处理。

3. 实验室内大量使用冷凝用水，无污染可直接排放。

4. 洗刷用水污染不大，可排入下水道。

5. 酸、碱、盐水溶液用后均倒入酸、碱、盐污水桶，经中和后排入下水道。

6. 有机溶剂回收于有机污桶内，采用蒸馏、精馏等分离办法回收。

7. 含重金属离子的废液宜采用沉淀法等集中处理。

附录二 常用酸碱的浓度（近似值）

名称		比重	质量（%）	浓度（mol/L）	配 1L 1mol/L 溶液所需毫升数
HCl	盐酸	1.19	37	12	83.3
HNO$_3$	硝酸	1.42	70	16	62.5
H$_2$SO$_4$	硫酸	1.84	96	18	55.6
HClO$_4$	高氯酸	1.66	70	11.6	86.2
H$_3$PO$_4$	磷酸	1.69	85	14.6	68.5
HOAc	乙酸	1.05	99.5	17.4	57.5
NH$_3$	氨水	0.90	27	14.3	69.9

附录三　标准滴定溶液的制备

方法根据中华人民共和国国家标准"化学试剂标准滴定溶液的制备（GB/T 601—2002）"整理，适用于制备准确浓度的标准滴定溶液，以供环境监测中滴定法测定试样中待测组分的含量。

一、基本要求

应用本方法制备标准滴定溶液时，应遵守以下基本规定：

（1）所用试剂的纯度应在分析纯以上，所用制剂及制品，应按 GB/T 603—2002 的规定制备，实验用水应符合 GB/T 6682—1992 中三级水的规格。

（2）本方法制备的标准滴定溶液的浓度，除高氯酸外，均指 20℃时的浓度。在标准滴定溶液标定、直接制备和使用时若温度有差异，应按"三、不同温度下标准滴定溶液的体积的补正值（GB/T 601—2002 规范性附录）"补正。

（3）标准滴定溶液标定、直接制备和使用时所用分析天平、砝码、滴定管、容量瓶、单标线吸管等均须定期校正。

（4）在标定和使用标准滴定溶液时，滴定速度一般应保持在 6～8ml/min。

（5）称量工作基准试剂的质量的数值小于等于 0.5g 时，按精确至 0.01mg 称量；数值大于 0.5g 时，按精确至 0.1mg 称量。

（6）制备标准滴定溶液的浓度值应在规定浓度值的 ±5％ 范围以内。

（7）标定标准滴定溶液的浓度时，须两人进行实验，分别各做四平行，每人四平行测定结果极差的相对值不得大于重复性临界极差 $[C_rR_{95}(4)]$（GB/T 11792—19890）的相对值 0.15％，两人共八平行测定结果极差的相对值不得大于重复性临界极差 $[C_rR_{95}(8)]$ 的相对值 0.18％。取两人八平行测定结果的平均值为测定结果。在运算过程中保留五位有效数字，浓度值报出结果取四位有效数字。

（8）本方法中标准滴定溶液浓度平均值的扩展不确定度一般不应大于 0.2％，可根据需要报出，其计算参见"四、标准滴定溶液浓度平均值不确定度的计算（GB/T 601—2002 资料性附录）"。

（9）本方法使用工作基准试剂标定标准滴定溶液的浓度。当对标准滴定溶液浓度值的准确度有更高要求时，可使用二级纯度标准物质或定值标准物质代替工作基准试剂进行标定或直接制备，并在计算标准滴定溶液浓度值时，将其质量分数代入计算式中。

(10) 标准滴定溶液的浓度小于等于 0.02mol/L 时，应于临用前将浓度高的标准滴定溶液用煮沸并冷却的水稀释，必要时重新标定。

(11) 除另有规定外，标准滴定溶液在常温（15℃～25℃）下保存时间一般不超过两个月，当溶液出现浑浊、沉淀、颜色变化等现象时，应重新制备。

(12) 贮存标准滴定溶液的容器应确保密闭，其材料不应与溶液起理化作用，壁厚最薄处不小于 0.5mm。

(13) 本方法中所用溶液以％表示的均为质量分数，只有乙醇（95％）中的％为体积分数。

二、标准滴定溶液的配制与标定

（一）氢氧化钠标准滴定溶液

1. 配制

称取 110g 氢氧化钠，溶于 100ml 无二氧化碳的水中，摇匀，注入聚乙烯容器中，密闭放置至溶液清亮。按表 1 的规定，用塑料管量取上层清液，用无二氧化碳的水稀释至 1000ml，摇匀。

表 1 氢氧化钠标准滴定溶液的配制

氢氧化钠标准滴定溶液的浓度 $[c(NaOH)]$（mol/L）	氢氧化钠溶液的体积 V（ml）
1	54
0.5	27
0.1	5.4

2. 标定

按表 2 的规定称取于 105℃～110℃电烘箱中干燥至恒重的工作基准试剂邻苯二甲酸氢钾，加无二氧化碳的水溶解，加两滴酚酞指示液（10g/L），用配制好的氢氧化钠溶液滴定至溶液呈粉红色，并保持 30s。同时做空白实验。

表 2 氢氧化钠标准滴定溶液的标定

氢氧化钠标准滴定溶液的浓度 $[c(NaOH)]$（mol/L）	工作基准试剂邻苯二甲酸氢钾的质量 m（g）	无二氧化碳水的体积 V（ml）
1	7.5	80
0.5	3.6	80
0.1	0.75	50

氢氧化钠标准滴定溶液的浓度 [c（NaOH）]，数值以摩尔每升（mol/L）表示，按式（1）计算：

$$c(\text{NaOH}) = \frac{m \times 1000}{(V_1 - V_2)M} \tag{1}$$

式中：m——邻苯二甲酸氢钾的质量的准确数值，g；

V_1——氢氧化钠溶液的体积的数值，ml；

V_2——空白实验氢氧化钠溶液的体积的数值，ml；

M——邻苯二甲酸氢钾的摩尔质量的数值，g/mol [M（$KHC_8H_4O_4$）= 204.22g/mol]。

（二）盐酸标准滴定溶液

1. 配制

按表 3 的规定量取盐酸，注入 1000ml 水中，摇匀。

表 3 盐酸标准滴定溶液的配制

盐酸标准滴定溶液的浓度 [c（HCl）]（mol/L）	盐酸的体积 V（ml）
1	90
0.5	45
0.1	9

2. 标定

按表 4 的规定称取于 270℃～300℃高温炉中灼烧至恒重的工作基准试剂无水碳酸钠，溶于 50ml 水中，加 10 滴溴甲酚绿-甲基红指示液，用配制好的盐酸溶液滴定至溶液由绿色变为暗红色，煮沸 2min，冷却后继续滴定至溶液再呈暗红色。同时做空白实验。

表 4 盐酸标准滴定溶液的标定

盐酸标准滴定溶液的浓度 [c（HCl）]（mol/L）	工作基准试剂无水碳酸钠的质量 m（g）
1	1.9
0.5	0.95
0.1	0.2

盐酸标准滴定溶液的浓度 [c（HCl）]，数值以摩尔每升（mol/L）表示，按式（2）计算：

$$c(\text{HCl}) = \frac{m \times 1000}{(V_1 - V_2)M} \tag{2}$$

式中：m——无水碳酸钠的质量的准确数值，g；

V_1——盐酸溶液的体积的数值，ml；

V_2——空白实验盐酸溶液的体积的数值，ml；

M——无水碳酸钠的摩尔质量的数值，g/mol $\left[M\left(\frac{1}{2}Na_2CO_3\right) = 52.994g/mol\right]$。

（三）硫酸标准滴定溶液

1. 配制

按表 5 的规定量取硫酸，缓缓注入 1000ml 水中，冷却，摇匀。

表 5 硫酸标准滴定溶液的配制

硫酸标准滴定溶液的浓度 $\left[c\left(\frac{1}{2}H_2SO_4\right)\right]$（mol/L）	硫酸的体积 V（ml）
1	30
0.5	15
0.1	3

2. 标定

按表 6 的规定称取于 270℃～300℃高温炉中灼烧至恒重的工作基准试剂无水碳酸钠，溶于 50ml 水中，加 10 滴溴甲酚绿-甲基红指示液，用配制好的硫酸溶液滴定至溶液由绿色变为暗红色，煮沸 2min，冷却后继续滴定至溶液再呈暗红色。同时做空白实验。

表 6 硫酸标准滴定溶液的标定

硫酸标准滴定溶液的浓度 $\left[c\left(\frac{1}{2}H_2SO_4\right)\right]$（mol/L）	工作基准试剂无水碳酸钠的质量 m（g）
1	1.9
0.5	0.95
0.1	0.2

硫酸标准滴定溶液的浓度 $\left[c\left(\frac{1}{2}H_2SO_4\right)\right]$，数值以摩尔每升（mol/L）表示，按式（3）计算：

$$c\left(\frac{1}{2}H_2SO_4\right) = \frac{m \times 1000}{(V_1 - V_2)\,M} \tag{3}$$

式中：m——无水碳酸钠的质量的准确数值，g；

V_1——硫酸溶液的体积的数值，ml；

V_2——空白实验硫酸溶液的体积的数值，ml；

M——无水碳酸钠的摩尔质量的数值，g/mol $\left[M\left(\dfrac{1}{2}Na_2CO_3\right)=52.994g/mol\right]$。

(四) 碳酸钠标准滴定溶液

1. 配制

按表 7 的规定称取无水碳酸钠，溶于 1000ml 水中，摇匀。

表 7 碳酸钠标准滴定溶液的配制

碳酸钠标准滴定溶液的浓度 $\left[c\left(\dfrac{1}{2}Na_2CO_3\right)\right]$ (mol/L)	无水碳酸钠的质量 m (g)
1	53
0.1	5.3

2. 标定

量取 35.00～40.00ml 配制好的碳酸钠溶液，加表 8 规定体积的水，加 10 滴溴甲酚绿-甲基红指示液，用表 8 规定的相应浓度的盐酸标准滴定溶液滴定至溶液由绿色变为暗红色，煮沸 2min，冷却后继续滴定至溶液再呈暗红色。

表 8 碳酸钠标准滴定溶液的标定

碳酸钠标准滴定溶液的浓度 $\left[c\left(\dfrac{1}{2}Na_2CO_3\right)\right]$ (mol/L)	加入水的体积 V (ml)	盐酸标准滴定溶液的浓度 $[c(HCl)]$ (mol/L)
1	50	1
0.1	20	0.1

碳酸钠标准滴定溶液的浓度 $\left[c\left(\dfrac{1}{2}Na_2CO_3\right)\right]$，数值以摩尔每升（mol/L）表示，按式（4）计算：

$$c\left(\frac{1}{2}Na_2CO_3\right)=\frac{V_1c_1}{V} \tag{4}$$

式中：V_1——盐酸标准滴定溶液的体积的数值，ml；

c_1——盐酸标准滴定溶液的浓度的准确数值，mol/L；

V——碳酸钠溶液的体积的准确数值，ml。

（五）重铬酸钾标准滴定溶液

$$c\left(\frac{1}{6}K_2Cr_2O_7\right)=0.1\text{mol/L}$$

1. 方法一

（1）配制

称取 5g 重铬酸钾，溶于 1000ml 水中，摇匀。

（2）标定

量取 35.00～40.00ml 配制好的重铬酸钾溶液，置于碘量瓶中，加 2g 碘化钾及 20ml 硫酸溶液（20%），摇匀，于暗处放置 10min。加 150ml 水（15℃～20℃），用硫代硫酸钠标准滴定溶液 $[c(Na_2S_2O_3)=0.1\text{mol/L}]$ 滴定，近终点时加 2ml 淀粉指示液（10g/L），继续滴定至溶液由蓝色变为亮绿色。同时做空白实验。

重铬酸钾标准滴定溶液的浓度 $\left[c\left(\frac{1}{6}K_2Cr_2O_7\right)\right]$，数值以摩尔每升（mol/L）表示，按式（5）计算：

$$c\left(\frac{1}{6}K_2Cr_2O_7\right)=\frac{(V_1-V_2)c_1}{V} \tag{5}$$

式中：V_1——硫代硫酸钠标准滴定溶液的体积的数值，ml；

V_2——空白实验硫代硫酸钠标准滴定溶液的体积的数值，ml；

c_1——硫代硫酸钠标准滴定溶液的浓度的准确数值，mol/L；

V——重铬酸钾溶液的体积的准确数值，ml。

2. 方法二

称取 4.90g±0.20g 已在 120℃±2℃ 的电烘箱中干燥至恒重的工作基准试剂重铬酸钾，溶于水，移入 1000ml 容量瓶中，稀释至刻度。

重铬酸钾标准滴定溶液的浓度 $\left[c\left(\frac{1}{6}K_2Cr_2O_7\right)\right]$，数值以摩尔每升（mol/L）表示，按式（6）计算：

$$c\left(\frac{1}{6}K_2Cr_2O_7\right)=\frac{m\times1000}{VM} \tag{6}$$

式中：m——重铬酸钾的质量的准确数值，g；

V——重铬酸钾溶液的体积的准确数值，ml；

M——重铬酸钾的摩尔质量的数值，g/mol $\left[M\left(\frac{1}{6}K_2Cr_2O_7\right)=49.031\text{g/mol}\right]$。

（六）硫代硫酸钠标准滴定溶液

$$c(Na_2S_2O_3)=0.1\text{mol/L}$$

1. 配制

称取 26g 硫代硫酸钠（$Na_2S_2O_3 \cdot 5H_2O$）（或 16g 无水硫代硫酸钠），加 0.2g 无水碳酸钠，溶于 1000ml 水中，缓缓煮沸 10min，冷却。放置两周后过滤。

2. 标定

称取 0.18g 于 120℃±2℃ 干燥至恒重的工作基准试剂重铬酸钾，置于碘量瓶中，溶于 25ml 水，加 2g 碘化钾及 20ml 硫酸溶液（20%），摇匀，于暗处放置 10min。加 150ml 水（15℃～20℃），用配制好的硫代硫酸钠溶液滴定，近终点时加 2ml 淀粉指示液（10g/L），继续滴定至溶液由蓝色变为亮绿色。同时做空白实验。

硫代硫酸钠标准滴定溶液的浓度 $[c\,(Na_2S_2O_3)]$，数值以摩尔每升（mol/L）表示，按式（7）计算：

$$c\,(Na_2S_2O_3) = \frac{m \times 1000}{(V_1 - V_2)\,M} \tag{7}$$

式中：m——重铬酸钾的质量的准确数值，g；

V_1——硫代硫酸钠溶液的体积的数值，ml；

V_2——空白实验硫代硫酸钠溶液的体积的数值，ml；

M——重铬酸钾的摩尔质量的数值，g/mol $[M\,(\frac{1}{6}K_2Cr_2O_7) = 49.031g/mol]$。

（七）碘酸钾标准滴定溶液

1. 方法一

（1）配制

称取表 9 规定量的碘酸钾，溶于 1000ml 水中，摇匀。

表 9 碘酸钾标准滴定溶液的配制方法 1

碘酸钾标准滴定溶液 $[c\,(\frac{1}{6}KIO_3)]$（mol/L）	碘酸钾的质量 m（g）
0.3	11
0.1	3.6

（2）标定

按表 10 的规定，取配制好的碘酸钾溶液、水及碘化钾，置于碘量瓶中，加 5ml 盐酸溶液（20%），摇匀，于暗处放置 5min。加 150ml 水（15℃～20℃），用硫代硫酸钠标准滴定溶液 $[c\,(Na_2S_2O_3) = 0.1mol/L]$ 滴定，近终点时加 2ml 淀粉指示液（10g/L），继续滴定至溶液蓝色消失。同时做空白实验。

表 10　碘酸钾标准滴定溶液的标定

碘酸钾标准滴定溶液 $[c\,(\frac{1}{6}KIO_3)]$ (mol/L)	碘酸钾溶液的体积 V (ml)	水的体积 V (ml)	碘化钾的质量 m (g)
0.3	11.00～13.00	20	3
0.1	35.00～40.00	0	2

碘酸钾标准滴定溶液的浓度 $[c\,(\frac{1}{6}KIO_3)]$，数值以摩尔每升（mol/L）表示，按式（8）计算：

$$c\,(\frac{1}{6}KIO_3) = \frac{(V_1-V_2)\,c_1}{V} \tag{8}$$

式中：V_1——硫代硫酸钠标准滴定溶液的体积的数值，ml；

V_2——空白实验硫代硫酸钠标准滴定溶液的体积的数值，ml；

c_1——硫代硫酸钠标准滴定溶液的浓度的准确数值，mol/L；

V——碘酸钾溶液的体积的准确数值，ml。

2. 方法二

称取表 11 规定量的已在 180℃±2℃ 的电烘箱中干燥至恒重的工作基准试剂碘酸钾，溶于水，移入 1000ml 容量瓶中，稀释至刻度。

表 11　碘酸钾标准滴定溶液的配制方法 2

碘酸钾标准滴定溶液 $[c\,(\frac{1}{6}KIO_3)]$ (mol/L)	工作基准试剂碘酸钾的质量 m (g)
0.3	10.70±0.50
0.1	3.57±0.15

碘酸钾标准滴定溶液的浓度 $[c\,(\frac{1}{6}KIO_3)]$，数值以摩尔每升（mol/L）表示，按式（9）计算：

$$c\,(\frac{1}{6}KIO_3) = \frac{m \times 1000}{VM} \tag{9}$$

式中：m——碘酸钾的质量的准确数值，g；

V——碘酸钾溶液的体积的准确数值，ml；

M——碘酸钾的摩尔质量的数值，g/mol $[M\,(\frac{1}{6}KIO_3)=35.667g/mol]$。

（八）高锰酸钾标准滴定溶液

$$c\left(\frac{1}{5}KMnO_4\right) = 0.1mol/L$$

1. 配制

称取 3.3g 高锰酸钾，溶于 1050ml 水中，缓缓煮沸 15min，冷却，于暗处放置两周，用已处理过的 4 号玻璃滤埚过滤。贮存于棕色瓶中。

玻璃滤埚的处理是指玻璃滤埚在同样浓度的高锰酸钾溶液中缓缓煮沸 5min。

2. 标定

称取 0.25g 于 105℃～110℃电烘箱中干燥至恒重的工作基准试剂草酸钠，溶于 100ml 硫酸溶液（8+92）中，用配制好的高锰酸钾溶液滴定，近终点时加热至约 65℃，继续滴定至溶液呈粉红色，并保持 30s。同时做空白实验。

高锰酸钾标准滴定溶液的浓度 $\left[c\left(\frac{1}{5}KMnO_4\right)\right]$，数值以摩尔每升（mol/L）表示，按式（10）计算：

$$c\left(\frac{1}{5}KMnO_4\right) = \frac{m \times 1000}{(V_1 - V_2)M} \tag{10}$$

式中：m——草酸钠的质量的准确数值，g；

$\qquad V_1$——高锰酸钾溶液的体积的数值，ml；

$\qquad V_2$——空白实验高锰酸钾溶液的体积的数值，ml；

$\qquad M$——草酸钠的摩尔质量的数值，g/mol $\left[M\left(\frac{1}{2}Na_2C_2O_4\right) = 66.999g/mol\right]$。

（九）硫酸亚铁铵标准滴定溶液

$$c\left[(NH_4)_2Fe(SO_4)_2\right] = 0.1mol/L$$

1. 配制

称取 40g 硫酸亚铁铵 $\left[(NH_4)_2Fe(SO_4)_2 \cdot 6H_2O\right]$，溶于 300ml 硫酸溶液（20%）中，加 700ml 水，摇匀。

2. 标定

量取 35.00～40.00ml 配制好的硫酸亚铁铵溶液，加 25ml 无氧水，用高锰酸钾标准滴定溶液 $\left[c\left(\frac{1}{5}KMnO_4\right) = 0.1mol/L\right]$ 滴定至溶液呈粉红色，并保持 30s。临用前标定。

硫酸亚铁铵标准滴定溶液的浓度 $\left\{c\left[(NH_4)_2Fe(SO_4)_2\right]\right\}$，数值以摩尔每升（mol/L）表示，按式（11）计算：

$$c\left[(NH_4)_2Fe(SO_4)_2\right] = \frac{V_1 c_1}{V} \tag{11}$$

式中：V_1——高锰酸钾标准滴定溶液的体积的数值，ml；

c_1——高锰酸钾标准滴定溶液的浓度的准确数值，mol/L；

V——硫酸亚铁铵溶液的体积的准确数值，ml。

（十）乙二胺四乙酸二钠（EDTA）标准滴定溶液

1. 配制

按表12的规定量称取乙二胺四乙酸二钠，加1000ml水，加热溶解，冷却，摇匀。

表12 乙二胺四乙酸二钠标准滴定溶液的配制

乙二胺四乙酸二钠标准滴定溶液的浓度 $[c(EDTA)]$ (mol/L)	乙二胺四乙酸二钠的质量 m（g）
0.1	40
0.05	20
0.02	8

2. 标定

（1）乙二胺四乙酸二钠标准滴定溶液 $[c(EDTA) = 0.1mol/L，c(EDTA) = 0.05mol/L]$

按表13的规定量称取于800℃±50℃的高温炉中灼烧至恒重的工作基准试剂氧化锌，用少量水湿润，加2ml盐酸溶液（20%）溶解，加100ml水，用氨水溶液（10%）调节溶液pH至7～8，加10ml氨-氯化铵缓冲溶液（pH≈10）及5滴铬黑T指示液（5g/L），用配制好的乙二胺四乙酸二钠溶液滴定至溶液由紫色变为纯蓝色。同时做空白实验。

表13 乙二胺四乙酸二钠标准滴定溶液的标定

乙二胺四乙酸二钠标准滴定溶液的浓度 $[c(EDTA)]$ (mol/L)	工作基准试剂氧化锌的质量 m（g）
0.1	0.3
0.05	0.15

乙二胺四乙酸二钠标准滴定溶液的浓度 $[c(EDTA)]$，数值以摩尔每升（mol/L）表示，按式（12）计算：

$$c\text{（EDTA）}=\frac{m\times 1000}{(V_1-V_2)\,M} \tag{12}$$

式中：m——氧化锌的质量的准确数值，g；

$\quad\quad V_1$——乙二胺四乙酸二钠溶液的体积的数值，ml；

$\quad\quad V_2$——空白实验乙二胺四乙酸二钠溶液的体积的数值，ml；

$\quad\quad M$——氧化锌的摩尔质量的数值，g/mol [M（ZnO）=81.39g/mol]。

（2）乙二胺四乙酸二钠标准滴定溶液 [c（EDTA）=0.02mol/L]

称取 0.42g 于 800℃±50℃的高温炉中灼烧至恒重的工作基准试剂氧化锌，用少量水湿润，加 3ml 盐酸溶液（20%）溶解，移入 250ml 容量瓶中，稀释至刻度，摇匀。取 35.00～40.00ml，加 70ml 水，用氨水溶液（10%）调节溶液 pH 至 7～8，加 10ml 氨-氯化铵缓冲溶液（pH≈10）及 5 滴铬黑 T 指示液（5g/L），用配制好的乙二胺四乙酸二钠溶液滴定至溶液由紫色变为纯蓝色。同时做空白实验。

乙二胺四乙酸二钠标准滴定溶液的浓度 [c（EDTA）]，数值以摩尔每升（mol/L）表示，按式（13）计算：

$$c\text{（EDTA）}=\frac{m\times\dfrac{V_1}{250}\times 1000}{(V_2-V_3)\,M} \tag{13}$$

式中：m——氧化锌的质量的准确数值，g；

$\quad\quad V_1$——氧化锌溶液的体积的准确数值，ml；

$\quad\quad V_2$——乙二胺四乙酸二钠溶液的体积的数值，ml；

$\quad\quad V_3$——空白实验乙二胺四乙酸二钠溶液的体积的数值，ml；

$\quad\quad M$——氧化锌的摩尔质量的数值，g/mol [M（ZnO）=81.39g/mol]。

（十一）硝酸银标准滴定溶液

$$c\text{（AgNO}_3\text{）}=0.1\text{mol/L}$$

1. 配制

称取 17.5g 硝酸银，溶于 1000ml 水中，摇匀。溶液贮存于棕色瓶中。

2. 标定

按 GB/T 9725—1988 的规定标定。称取 0.22g 于 500℃～600℃的高温炉中灼烧至恒重的工作基准试剂氯化钠，溶于 70ml 水中，加 10ml 淀粉溶液（10g/L），以 216 型银电极做指示电极，217 型双盐桥饱和甘汞电极做参比电极，用配制好的硝酸银溶液滴定。按相关规定计算 V_0。

硝酸银标准滴定溶液的浓度 [c（AgNO$_3$）]，数值以摩尔每升（mol/L）表示，按式（14）计算：

$$c\left(AgNO_3\right)=\frac{m\times1000}{V_0 M} \tag{14}$$

式中：m——氯化钠的质量的准确数值，g；

V_0——硝酸银溶液的体积的数值，ml；

M——氯化钠的摩尔质量的数值，g/mol $[M\left(NaCl\right)=58.442g/mol]$。

三、不同温度下标准滴定溶液的体积的补正值（GB/T 601—2002 规范性附录）

表 28　不同温度下标准滴定溶液的体积的补正值　　（单位：ml/L）

温度（℃）	水及 0.05 mol/L 以下的各种水溶液	0.1 mol/L 及 0.2 mol/L 各种水溶液	盐酸溶液 $c\left(HCl\right)=$ 0.5mol/L	盐酸溶液 $c\left(HCl\right)=$ 1mol/L	硫酸溶液 $c\left(\frac{1}{2}H_2SO_4\right)$ =0.5mol/L，氢氧化钠溶液 $c\left(NaOH\right)=$ 0.5mol/L	硫酸溶液 $c\left(\frac{1}{2}H_2SO_4\right)$ =1mol/L，氢氧化钠溶液 $c\left(NaOH\right)=$ 1mol/L	碳酸钠溶液 $c\left(\frac{1}{2}Na_2CO_3\right)$ =1mol/L	氢氧化钾-乙醇溶液 $c\left(KOH\right)=$ 0.1mol/L
5	+1.38	+1.7	+1.9	+2.3	+2.4	+3.6	+3.3	
6	+1.38	+1.7	+1.9	+2.2	+2.3	+3.4	+3.2	
7	+1.36	+1.6	+1.8	+2.2	+2.2	+3.2	+3.0	
8	+1.33	+1.6	+1.8	+2.1	+2.2	+3.0	+2.8	
9	+1.29	+1.5	+1.7	+2.0	+2.1	+2.7	+2.6	
10	+1.23	+1.5	+1.6	+1.9	+2.0	+2.5	+2.4	+10.8
11	+1.17	+1.4	+1.5	+1.8	+1.8	+2.3	+2.2	+9.6
12	+1.10	+1.3	+1.4	+1.6	+1.7	+2.0	+2.0	+8.5
13	+0.99	+1.1	+1.2	+1.4	+1.5	+1.8	+1.8	+7.4
14	+0.88	+1.0	+1.1	+1.2	+1.3	+1.6	+1.5	+6.5
15	+0.77	+0.9	+0.9	+1.0	+1.1	+1.3	+1.3	+5.2
16	+0.64	+0.7	+0.8	+0.8	+0.9	+1.1	+1.1	+4.2
17	+0.50	+0.6	+0.6	+0.6	+0.7	+0.8	+0.8	+3.1
18	+0.34	+0.4	+0.4	+0.4	+0.5	+0.6	+0.6	+2.1
19	+0.18	+0.2	+0.2	+0.2	+0.2	+0.3	+0.3	+1.0
20	0.00	0.00	0.00	0.00	0.00	0.00	0.00	0.00
21	-0.18	-0.2	-0.2	-0.2	-0.2	-0.3	-0.3	-1.1
22	-0.38	-0.4	-0.4	-0.5	-0.5	-0.6	-0.6	-2.2

（续表）

温度 （℃）	水及 0.05 mol/L 以下的 各种水 溶液	0.1 mol/L 及 0.2 mol/L 各种水 溶液	盐酸溶液 c（HCl）= 0.5mol/L	盐酸溶液 c（HCl）= 1mol/L	硫酸溶液 c（$\frac{1}{2}$H$_2$SO$_4$） =0.5mol/L, 氢氧化钠溶液 c（NaOH）= 0.5mol/L	硫酸溶液 c（$\frac{1}{2}$H$_2$SO$_4$） =1mol/L, 氢氧化钠溶液 c（NaOH）= 1mol/L	碳酸钠 溶液 c（$\frac{1}{2}$Na$_2$ CO$_3$） =1mol/L	氢氧化钾- 乙醇溶液 c（KOH）= 0.1mol/L
23	−0.58	−0.6	−0.7	−0.7	−0.8	−0.9	−0.9	−3.3
24	−0.80	−0.9	−0.9	−1.0	−1.0	−1.2	−1.2	−4.2
25	−1.03	−1.1	−1.1	−1.2	−1.3	−1.5	−1.5	−5.3
26	−1.26	−1.4	−1.4	−1.4	−1.5	−1.8	−1.8	−6.4
27	−1.51	−1.7	−1.7	−1.7	−1.8	−2.1	−2.1	−7.5
28	−1.76	−2.0	−2.0	−2.0	−2.1	−2.4	−2.4	−8.5
29	−2.01	−2.3	−2.3	−2.3	−2.4	−2.8	−2.8	−9.6
30	−2.30	−2.5	−2.5	−2.6	−2.8	−3.2	−3.1	−10.6
31	−2.58	−2.7	−2.7	−2.9	−3.1	−3.5		−11.6
32	−2.86	−3.0	−3.0	−3.2	−3.4	−3.9		−12.6
33	−3.04	−3.2	−3.3	−3.5	−3.7	−4.2		−13.7
34	−3.47	−3.7	−3.6	−3.8	−4.1	−4.6		−14.8
35	−3.78	−4.0	−4.0	−4.1	−4.1	−5.0		−16.0
36	−4.10	−4.3	−4.3	−4.4	−4.7	−5.3		−17.0

注：1. 本表数值是以 20℃为标准温度，以实测法测出。

2. 表中带有 "＋"、"－" 号的数值是以 20℃为分界。室温低于 20℃的补正值为 "＋"，高于 20℃的补正值均为 "－"。

3. 本表的用法：如 1L 硫酸溶 [c（$\frac{1}{2}$H$_2$SO$_4$）=1mol/L] 由 25℃换算为 20℃时，其体积补正值为 −1.5ml，故 40.00ml 换算为 20℃时的体积为 $V_{20}=40.00-\dfrac{1.5}{1000}\times 40.00=39.94$（ml）。

四、标准滴定溶液浓度平均值不确定度的计算（GB/T 601—2002 资料性附录）

首次制备标准滴定溶液时应进行不确定度的计算，日常制备不必每次计算，但当条件（如人员、计量器具、环境等）改变时，应重新进行不确定度的计算。

（一）标准滴定溶液的标定方法

本标准中标准滴定溶液浓度的标定方法大体上有四种：第一种是用工作基准试剂标定标准滴定溶液的浓度；第二种是用标准滴定溶液标定标准滴定溶液的浓

度；第三种是将工作基准试剂溶解、定容、量取后标定标准滴定溶液的浓度；第四种是用工作基准试剂直接制备的标准滴定溶液。因此，不确定度的计算也分为四种。

1. 第一种方式

包括：氢氧化钠、盐酸、硫酸、硫代硫酸钠、高锰酸钾、乙二胺四乙酸二钠 $[c(\text{EDTA}) = 0.1\text{mol/L}, c(\text{EDTA}) = 0.05\text{mol/L}]$、高氯酸、硝酸银、亚硝酸钠等标准滴定溶液。

本标准规定使用工作基准试剂（其质量分数按 100% 计）标定标准滴定溶液的浓度。当对标准滴定溶液浓度值的准确度有更高要求时，可用二级纯度标准物质或定值标准物质代替工作基准试剂进行标定，并在计算标准滴定溶液浓度时，将其纯度值的质量分数代入计算式中，因此计算标准滴定溶液的浓度值 (c)，数值以摩尔每升（mol/L）表示，按式（1）计算：

$$c = \frac{m\omega \times 1000}{(V_1 - V_2) M} \tag{1}$$

式中：m——工作基准试剂的质量的准确数值，g；

ω——工作基准试剂的质量分数的数值，%；

V_1——被标定溶液的体积的数值，ml；

V_2——空白实验被标定溶液的体积的数值，ml；

M——工作基准试剂的摩尔质量的数值，g/mol。

2. 第二种方式

包括：碳酸钠、重铬酸钾、碘酸钾、硫酸亚铁铵、氯化钠等标准滴定溶液。

计算标准滴定溶液的浓度值 (c)，数值以摩尔每升（mol/L）表示，按式（2）计算：

$$c = \frac{(V_1 - V_2) c_1}{V} \tag{2}$$

式中：V_1——标准滴定溶液的体积的数值，ml；

V_2——空白实验标准滴定溶液的体积的数值，ml；

c_1——标准滴定溶液的浓度的准确数值，mol/L；

V——被标定标准滴定溶液的体积的数值，ml。

3. 第三种方式

包括：乙二胺四乙酸二钠标准滴定溶液 $[c(\text{EDTA}) = 0.02\text{mol/L}]$。

计算标准滴定溶液的浓度值 (c)，数值以摩尔每升（mol/L）表示，按式（3）计算：

$$c = \frac{\left(\dfrac{m}{V_3}\right) V_4 \omega \times 1000}{(V_1 - V_2) M} \tag{3}$$

式中：m——作基准试剂的质量的准确数值，g；

　　　V_3——工作基准试剂溶液的体积的数值，ml；

　　　V_4——量取工作基准试剂溶液的体积的数值，ml；

　　　ω——工作基准试剂的质量分数的数值，%；

　　　V_1——被标定溶液的体积的数值，ml；

　　　V_2——空白实验被标定溶液的体积的数值，ml；

　　　M——工作基准试剂的摩尔质量的数值，g/mol。

4. 第四种方式

包括：重铬酸钾、碘酸钾、氯化钠共 3 种标准滴定溶液。

计算标准滴定溶液的浓度值（c），数值以摩尔每升（mol/L）表示，按式（4）计算：

$$c = \frac{m\omega \times 1000}{VM} \tag{4}$$

式中：m——工作基准试剂的质量的准确数值，g；

　　　ω——工作基准试剂的质量分数的数值，%；

　　　V——标准滴定溶液的体积的数值，ml；

　　　M——工作基准试剂的摩尔质量的数值，g/mol。

（二）扩展不确定度的计算

标准滴定溶液浓度平均值的扩展不确定度 $[U(\bar{c})]$，按式（5）计算：

$$U(\bar{c}) = k u_c(\bar{c}) \tag{5}$$

式中：k——包含因子（一般情况下，$k=2$）；

　　　$u_c(\bar{c})$——标准滴定溶液浓度平均值的合成标准不确定度，mol/L；

　　　式（5）中：

$$u_c(\bar{c}) = \sqrt{[u_A(\bar{c})]^2 + [u_{cB}(\bar{c})]^2} \tag{6}$$

式中：$u_A(\bar{c})$——标准滴定溶液浓度平均值的 A 类标准不确定度分量，mol/L；

　　　$u_{cB}(\bar{c})$——标准滴定溶液浓度平均值的 B 类合成标准不确定度分量，mol/L。

（三）用工作基准试剂标定标准滴定溶液浓度平均值不确定度的计算

1. 标准滴定溶液浓度平均值的 A 类标准不确定度的计算

标准滴定溶液浓度平均值的 A 类标准不确定度有两种计算方法。

（1）标准滴定溶液浓度平均值的 A 类相对标准不确定度分量 $[u_{\mathrm{Arel}}\ (\bar{c})]$ 估算，按式（7）计算：

$$u_{\mathrm{Arel}}\ (\bar{c}) =\frac{\sigma\ (c)}{\sqrt{8}\times\bar{c}}\tag{7}$$

式中：$\sigma\ (c)$ ——标准滴定溶液浓度值的总体标准差，mol/L；

$\bar{c}$——两人八平行测定的标准滴定溶液浓度平均值，mol/L。

式（7）中：

$$\sigma\ (c) =\frac{[C_{\mathrm{r}}R_{95}\ (8)]}{f\ (n)}\tag{8}$$

式中：$[C_{\mathrm{r}}R_{95}\ (8)]$ ——两人八平行测定的重复性临界极差，mol/L；

$f\ (n)$ ——临界极差系数（由 GB/T 11792—1989 中表 1 查得）。

（2）标准滴定溶液浓度平均值的 A 类相对标准不确定度分量的计算

用贝塞尔法计算两人八平行测定的实验标准差后，标准滴定溶液浓度平均值的 A 类相对标准不确定度分量 $[u_{\mathrm{Arel}}\ (\bar{c})]$，按式（9）计算：

$$u_{\mathrm{Arel}}\ (\bar{c}) =\frac{s\ (c)}{\sqrt{8}\times\bar{c}}\tag{9}$$

式中：$s\ (c)$ ——两人八平行测定结果的实验标准差，mol/L；

$\bar{c}$——两人八平行测定的标准滴定溶液浓度平均值，mol/L。

2. 标准滴定溶液浓度平均值的 B 类相对合成标准不确定度分量的计算

以用电子天平称量为例进行不确定度的计算。

根据式（1），标准滴定溶液浓度平均值的 B 类相对合成标准不确定度分量 $[u_{\mathrm{cBrel}}\ (\bar{c})]$，按式（10）计算：

$$u_{\mathrm{cBrel}}\ (\bar{c}) =\sqrt{u_{\mathrm{rel}}^{2}\ (m) +u_{\mathrm{rcl}}^{2}\ (\omega) +u_{\mathrm{rcl}}^{2}\ (V_{1}-V_{2}) +u_{\mathrm{rel}}^{2}\ (M) +u_{\mathrm{rel}}^{2}\ (r)}\tag{10}$$

式中：$u_{\mathrm{rel}}\ (m)$ ——工作基准试剂质量的数值的相对标准不确定度分量；

$u_{\mathrm{rel}}\ (\omega)$ ——工作基准试剂的质量分数的数值的相对标准不确定度分量；

$u_{\mathrm{rel}}\ (V_{1}-V_{2})$ ——被标定溶液体积的数值的相对标准不确定度分量；

$u_{\mathrm{rel}}\ (M)$ ——工作基准试剂摩尔质量的数值的相对标准不确定度分量；

$u_{\mathrm{rel}}\ (r)$ ——被标定溶液浓度的数值修约的相对标准不确定度分量。

（1）工作基准试剂质量的数值的相对标准不确定度分量 $[u_{\mathrm{rel}}\ (m)]$，按式（11）计算：

$$u_{\mathrm{rel}}\ (m) =\frac{u\ (m)}{m}\tag{11}$$

式中：$u(m)$ ——工作基准试剂质量的数值的标准不确定度分量，g；

m ——工作基准试剂质量的数值，g。

式（11）中：

$$u(m) = \sqrt{2 \times (\frac{a}{k})^2} \quad (按均匀分布，k = \sqrt{3}) \tag{12}$$

式中：a ——电子天平的最大允许误差，g。

（2）工作基准试剂的质量分数的数值的相对标准不确定度分量 $[u_{rel}(\omega)]$，按式（13）计算：

$$u_{rel}(\omega) = \frac{\sqrt{u^2(\omega) + u^2(\omega_r)}}{\omega} \tag{13}$$

式中：$u(\omega)$ ——工作基准试剂的质量分数的数值的标准不确定度分量，%；

$u(\omega_r)$ ——工作基准试剂的质量分数的数值范围的标准不确定度分量（标准物质不包含此项），%；

ω ——工作基准试剂的质量分数的数值，%。

式（13）中：

$$u(\omega) = \frac{U}{k} \tag{14}$$

式中：U ——工作基准试剂的质量分数的数值的扩展不确定度（总不确定度），%；

k ——包含因子（一般情况下，$k = 2$）。

式（13）中：

$$u(\omega_r) = \frac{a}{k} \quad (按均匀分布，k = \sqrt{3}) \tag{15}$$

式中：a ——工作基准试剂的质量分数的数值范围的半宽，%；

（3）被标定溶液体积的数值的相对标准不确定度分量

被标定溶液体积的相对标准不确定度分量 $[u_{rel}(V_1 - V_2)]$，应按式（16）计算：

$$u_{rel}(V_1 - V_2) = \frac{\sqrt{u^2(V_1) + u^2(V_2)}}{V_1 - V_2} \tag{16}$$

式中：$u(V_1)$ ——被标定溶液体积的数值的标准不确定度分量，ml；

$u(V_2)$ ——空白实验被标定溶液体积的数值的标准不确定度分量，ml；

$V_1 - V_2$ ——被标定溶液实际消耗的体积的数值，ml。

经必要的省略，被标定溶液体积的数值的相对标准不确定度分量 $[u_{rel}(V_1-V_2)]$，按式（17）计算：

$$u_{rel}(V_1-V_2)=\frac{\sqrt{u_1^2(V)+u_2^2(V)+u_3^2(V)+u_4^2(V)}}{V_1-V_2} \tag{17}$$

式中：$u_1(V)$——称量水校正滴定管体积时引入的标准不确定度分量，ml；

$\quad\quad u_2(V)$——由内插法确定被标定溶液体积校正值时引入的标准不确定度分量，ml；

$\quad\quad u_3(V)$——被标定溶液体积校正值修约误差引入的标准不确定度分量，ml；

$\quad\quad u_4(V)$——温度补正值的修约误差引入的标准不确定度分量，ml；

$\quad\quad V_1$——被标定溶液体积的数值，ml；

$\quad\quad V_2$——空白实验被标定溶液体积的数值，ml。

① 称量水校正滴定管体积时引入的标准不确定度分量 $[u_1(V)]$

JJG 196—1990 规定：量器在标准温度 20℃时的实际体积的数值（V_{20}），单位为毫升（ml），按式（18）计算：

$$V_{20}=V_0+\frac{m_0-m}{\rho_w} \tag{18}$$

式中：V_0——量器标称体积的数值，ml；

$\quad\quad m_0$——称得纯水的质量的数值，g；

$\quad\quad m$——衡量法用表中查得纯水质量的数值，g；

$\quad\quad \rho_w$——纯水在 t℃时密度的数值，g/ml。

则被标定溶液体积校正值应为

$$V=\frac{m_0-m}{\rho_w} \tag{19}$$

故称量水校正滴定管体积时引入的相对标准不确定度分量 $[u_{1rel}(V)]$，按（20）计算：

$$u_{1rel}(V)=\sqrt{[u_{rel}(m_0-m)]^2+[u_{rel}(\rho_w)]^2} \tag{20}$$

式中：$u_{rel}(m_0-m)$——称量纯水的质量的数值与衡量法用表中查得纯水质量的数值的差值的相对标准不确定度分量；

$\quad\quad u_{rel}(\rho_w)$——纯水密度值引入的相对标准不确定度分量。

其中：m 是 JJG 196—1990《国家计量检定规程常用玻璃量器》中提供的一定容量、温度、空气密度、玻璃体积膨胀系数下纯水的质量，故视其为真值，其标准不确定度分量为零，但存在纯水质量的数值修约引入的标准不确定度分量。

式 (20) 中：

$$u_{rel}\ (m_0 - m) = \frac{\sqrt{u^2\ (m_0)\ + u^2\ (m)}}{m_0 - m} \tag{21}$$

式中：$u\ (m_0)$——称量纯水质量的数值的标准不确定度分量，g；

$u\ (m)$——衡量法用表中查得纯水质量的数值的标准不确定度分量，g；

m_0——称量纯水的质量的数值，g；

m——衡量法用表中查得纯水质量的数值，g。

式 (21) 中：

$$u\ (m_0) = \sqrt{2 \times\ (\frac{a}{k})^2}\quad (按均匀分布，k = \sqrt{3}) \tag{22}$$

式中：a——电子天平的最大允许误差，g。

式 (21) 中：

$$u\ (m) = \frac{a}{k}\quad (按均匀分布，k = \sqrt{3}) \tag{23}$$

式中：a——衡量法用表中查得纯水质量值修约误差区间的半宽，g。

式 (20) 中：

$$u_{rel}\ (\rho_w) = \frac{u\ (\rho_w)}{\rho_w} \tag{24}$$

式中：$u\ (\rho_w)$——纯水密度值引入的标准不确定度分量，g/ml；

ρ_w——纯水在 t℃时的密度的数值，g/ml。

式 (24) 中：

$$u\ (\rho_w) = \frac{a}{k}\quad (按均匀分布，k = \sqrt{3}) \tag{25}$$

式中：a——纯水密度值修约误差区间的半宽，g/ml。

将 $u_{rel}\ (m_0 - m)$、$u_{rel}\ (\rho_w)$ 代入式 (20) 中，即得 $u_{1rel}\ (V)$。则称量水校正滴定管体积值时引入的标准不确定度分量 $u_1\ (V)$，按式 (26) 计算：

$$u_1\ (V) = \frac{m_0 - m}{\rho_w} \times u_{1rel}\ (V) \tag{26}$$

② 由内插法确定被标定溶液体积校正值时引入的标准不确定度分量 [u_2 (V)]，数值以毫升 (ml) 表示，按式 (27) 计算：

$$u_2 \ (V) = \frac{a}{k} \ (\text{按三角分布，} k = \sqrt{6}) \qquad (27)$$

式中：a——大于被标定溶液体积的数值与小于被标定溶液体积的数值两校正点
　　　　校正值差值的一半，ml。

　　③ 被标定溶液体积校正值修约误差引入的标准不确定度分量 $[u_3 \ (V)]$，数
值以毫升（ml）表示，按式（28）计算：

$$u_3 \ (V) = \frac{a}{k} \ (\text{按均匀分布，} k = \sqrt{3}) \qquad (28)$$

式中：a——滴定管校正值的修约误差区间的半宽，ml。

　　④ 温度补正值的修约误差引入的标准不确定度分量 $[u_4 \ (V)]$，数值以毫升
（ml）表示，按式（29）计算：

$$u_4 \ (V) \doteq \frac{aV_1}{k \times 1000} \ (\text{按均匀分布，} k = \sqrt{3}) \qquad (29)$$

式中：a——温度补正值的修约误差区间的半宽，ml/L；
　　　V_1——被标定溶液体积的数值，ml。

　　将上述 $u_1 \ (V)$、$u_2 \ (V)$、$u_3 \ (V)$、$u_4 \ (V)$ 代入式（17），即得到被标定溶
液体积的数值的相对标准不确定度分量。

　　（4）工作基准试剂摩尔质量的数值的相对标准不确定度分量 $[u_{rel} \ (M)]$，
按式（30）计算：

$$u_{rel} \ (M) = \frac{u \ (M)}{M} \qquad (30)$$

式中：$u \ (M)$——工作基准试剂摩尔质量的数值的标准不确定度分量，g/mol；
　　　M——工作基准试剂的摩尔质量的数值，g/mol。
　　式（30）中：

$$u \ (M) = \sqrt{u^2 \ (M_1) + u^2 \ (M_2)} \qquad (31)$$

式中：$u \ (M_1)$——工作基准试剂分子中各元素的相对原子质量的数值的标准不
　　　　　　　确定度引入的标准不确定度分量，g/mol；
　　　$u \ (M_2)$——工作基准试剂摩尔质量的数值的修约误差引入的标准不确定
　　　　　　　度分量，g/mol。
　　式（31）中：

$$u(M_1) = \sqrt{\sum_{i=1}^{n} q_i u^2 (A_i)} \qquad (32)$$

式中：q_i——工作基准试剂分子中某元素 A_i 的个数；

$u(A_i)$——工作基准试剂分子中某元素相对原子质量的数值的标准不确定度，g/mol；

n——工作基准试剂分子中元素的个数。

式（31）中：

$$u(M_2) = \frac{a}{k} \ (按均匀分布，k = \sqrt{3}) \tag{33}$$

式中：a——作基准试剂摩尔质量的数值的修约误差区间的半宽，g/mol。

⑤两人八平行测定的标准滴定溶液浓度平均值的修约误差引入的相对标准不确定度分量 $[u_{rel}(r)]$，按式（34）计算：

$$u_{rel}(r) = \frac{a/k}{\bar{c}} \ (按均匀分布，k = \sqrt{3}) \tag{34}$$

式中：a——两人八平行测定的标准滴定溶液浓度平均值的修约误差区间的半宽，mol/L；

$\bar{c}$——两人八平行测定的标准滴定溶液浓度平均值，mol/L。

⑥将 $u_{rel}(m)$、$u_{rel}(p)$、$u_{rel}(V_1 - V_2)$、$u_{rel}(M)$、$u_{rel}(r)$ 代入式（10）得到标准滴定溶液浓度平均值的 B 类合成相对标准不确定度分量 $[u_{cBrel}(\bar{c})]$。

3. 标准滴定溶液浓度平均值的扩展不确定度的计算

将（三）1 条、（三）2 条分别求得的标准滴定溶液浓度平均值的 A 类和 B 类相对标准不确定度分量 $u_{Arel}(\bar{c})$ 和 $u_{cBrel}(\bar{c})$ 乘以浓度平均值 $\bar{c}$ 以后，分别得到 A 类和 B 类标准不确定度分量 $u_A(\bar{c})$ 和 $u_{cB}(\bar{c})$，再代入式（6）得到标准滴定溶液浓度平均值的合成标准不确定度 $[u_c(\bar{c})]$，将 $[u_c(\bar{c})]$ 代入式（5），即可求得标准滴定溶液浓度平均值的扩展不确定度。

（四）标准滴定溶液浓度平均值的扩展不确定度的表示（依据 JJF 1059—1999）

示例：

标准滴定溶液浓度平均值的合成标准不确定度 $u_c(\bar{c}) = 5.6 \times 10^{-5}$ mol/L，滴定溶液浓度平均值（$\bar{c} = 0.1$ mol/L）的扩展不确定度 $U = 2 \times 5.6 \times 10^{-5} = 0.000112$（mol/L）。

以浓度值的形式表示为

a) $\bar{c} = 0.1000$ mol/L，$U = 0.0002$ mol/L；$k = 2$。

b) $\bar{c} = (0.1000 \pm 0.0002)$ mol/L；$k = 2$。

以浓度值的相对形式表示为

a) $\bar{c} = 0.1000\ (1 \pm 2 \times 10^{-3})\ \mathrm{mol/L}$；$U = 2 \times 10^{-4}\ \mathrm{mol/L}$；$k = 2$。

b) $\bar{c} = 0.1000\ \mathrm{mol/L}$；$U = 2 \times 10^{-4}\ \mathrm{mol/L}$；$k = 2$。

以上四种表示方法任选其一。

（五）其他三种方式的不确定度的计算

参考第一种方式的标准滴定溶液浓度平均值不确定度的计算，可进行第二种方式、第三种方式、第四种方式标准滴定溶液浓度平均值的不确定度的计算。

附录四　生活饮用水卫生标准（GB 5749—2006）

本标准规定了生活饮用水水质卫生要求、生活饮用水水源水质卫生要求、集中式供水单位卫生要求、二次供水卫生要求、涉及生活饮用水卫生安全产品卫生要求、水质监测和水质检验方法。

本标准适用于城乡各类集中式供水的生活饮用水，也适用于分散式供水的生活饮用水。

本标准的全部技术内容为强制性。

一、水质指标极限值

（一）常规指标：能反映生活饮用水水质基本状况的水质指标

表 1　水质常规指标及限值

指　　　标	限　　　值
1. 微生物指标[①]	
总大肠菌群（MPN/100ml 或 CFU/100ml）	不得检出
耐热大肠菌群（MPN/100ml 或 CFU/100ml）	不得检出
大肠埃希氏菌（MPN/100ml 或 CFU/100ml）	不得检出
菌落总数（CFU/ml）	100
2. 毒理指标	
砷（mg/L）	0.01
镉（mg/L）	0.005
铬（六价，mg/L）	0.05
铅（mg/L）	0.01
汞（mg/L）	0.001
硒（mg/L）	0.01
氰化物（mg/L）	0.05
氟化物（mg/L）	1.0

（续表）

指　　标	限　　值
硝酸盐（以 N 计，mg/L）	10 地下水源限制时为 20
三氯甲烷（mg/L）	0.06
四氯化碳（mg/L）	0.002
溴酸盐（使用臭氧时，mg/L）	0.01
甲醛（使用臭氧时，mg/L）	0.9
亚氯酸盐（使用二氧化氯消毒时，mg/L）	0.7
氯酸盐（使用复合二氧化氯消毒时，mg/L）	0.7
3. 感官性状和一般化学指标	
色度（铂钴色度单位）	15
浑浊度（NTU-散射浊度单位）	1 水源与净水技术条件限制时为 3
臭和味	无异臭、异味
肉眼可见物	无
pH（pH 单位）	不小于 6.5 且不大于 8.5
铝（mg/L）	0.2
铁（mg/L）	0.3
锰（mg/L）	0.1
铜（mg/L）	1.0
锌（mg/L）	1.0
氯化物（mg/L）	250
硫酸盐（mg/L）	250
溶解性总固体（mg/L）	1000
总硬度（以 $CaCO_3$ 计，mg/L）	450
耗氧量（COD_{Mn} 法，以 O_2 计，mg/L）	3 水源限制，原水耗氧量＞6mg/L 时为 5
挥发酚类（以苯酚计，mg/L）	0.002
阴离子合成洗涤剂（mg/L）	0.3

（续表）

指　标	限　值
4. 放射性指标[②]	指导值
总 α 放射性（Bq/L）	0.5
总 β 放射性（Bq/L）	1

注：①MPN 表示最可能数；CFU 表示菌落形成单位。当水样检出总大肠菌群时，应进一步检验大肠埃希氏菌或耐热大肠菌群；水样未检出总大肠菌群，不必检验大肠埃希氏菌或耐热大肠菌群。

②放射性指标超过指导值，应进行核素分析和评价，判定能否饮用。

表 2　饮用水中消毒剂常规指标及要求

消毒剂名称	与水接触时间	出厂水中限值（mg/L）	出厂水中余量（mg/L）	管网末梢水中余量（mg/L）
氯气及游离氯制剂（游离氯）	≥30min	4	≥0.3	≥0.05
一氯胺（总氯）	≥120min	3	≥0.5	≥0.05
臭氧（O_3）	≥12min	0.3	—	0.02 如加氯，总氯≥0.05
二氧化氯（ClO_2）	≥30min	0.8	≥0.1	≥0.02

（二）非常规指标：根据地区、时间或特殊情况需要的生活饮用水水质指标

表 3　水质非常规指标及限值

指　标	限　值
1. 微生物指标	
贾第鞭毛虫（个/10L）	<1
隐孢子虫（个/10L）	<1
2. 毒理指标	
锑（mg/L）	0.005
钡（mg/L）	0.7
铍（mg/L）	0.002
硼（mg/L）	0.5
钼（mg/L）	0.07

（续表）

指 标	限 值
镍（mg/L）	0.02
银（mg/L）	0.05
铊（mg/L）	0.0001
氯化氰（以 CN⁻ 计，mg/L）	0.07
一氯二溴甲烷（mg/L）	0.1
二氯一溴甲烷（mg/L）	0.06
二氯乙酸（mg/L）	0.05
1，2-二氯乙烷（mg/L）	0.03
二氯甲烷（mg/L）	0.02
三卤甲烷（三氯甲烷、一氯二溴甲烷、二氯一溴甲烷、三溴甲烷的总和）	该类化合物中各种化合物的实测浓度与其各自限值的比值之和不超过 1
1，1，1-三氯乙烷（mg/L）	2
三氯乙酸（mg/L）	0.1
三氯乙醛（mg/L）	0.01
2，4，6-三氯酚（mg/L）	0.2
三溴甲烷（mg/L）	0.1
七氯（mg/L）	0.0004
马拉硫磷（mg/L）	0.25
五氯酚（mg/L）	0.009
六六六（总量，mg/L）	0.005
六氯苯（mg/L）	0.001
乐果（mg/L）	0.08
对硫磷（mg/L）	0.003
灭草松（mg/L）	0.3
甲基对硫磷（mg/L）	0.02
百菌清（mg/L）	0.01
呋喃丹（mg/L）	0.007
林丹（mg/L）	0.002

（续表）

指　标	限　值
毒死蜱（mg/L）	0.03
草甘膦（mg/L）	0.7
敌敌畏（mg/L）	0.001
莠去津（mg/L）	0.002
溴氰菊酯（mg/L）	0.02
2，4-滴（mg/L）	0.03
滴滴涕（mg/L）	0.001
乙苯（mg/L）	0.3
二甲苯（mg/L）	0.5
1，1-二氯乙烯（mg/L）	0.03
1，2-二氯乙烯（mg/L）	0.05
1，2-二氯苯（mg/L）	1
1，4-二氯苯（mg/L）	0.3
三氯乙烯（mg/L）	0.07
三氯苯（总量，mg/L）	0.02
六氯丁二烯（mg/L）	0.0006
丙烯酰胺（mg/L）	0.0005
四氯乙烯（mg/L）	0.04
甲苯（mg/L）	0.7
邻苯二甲酸二（2-乙基己基）酯（mg/L）	0.008
环氧氯丙烷（mg/L）	0.0004
苯（mg/L）	0.01
苯乙烯（mg/L）	0.02
苯并（a）芘（mg/L）	0.00001
氯乙烯（mg/L）	0.005
氯苯（mg/L）	0.3
微囊藻毒素-LR（mg/L）	0.001
3. 感官性状和一般化学指标	

（续表）

指　　标	限　　值
氨氮（以 N 计，mg/L）	0.5
硫化物（mg/L）	0.02
钠（mg/L）	200

（三）小型集中式供水和分散式供水部分水质指标及限值

表 4　小型集中式供水和分散式供水部分水质指标及限值

指　　标	限　　值
1. 微生物指标	
菌落总数（CFU/ml）	500
2. 毒理指标	
砷（mg/L）	0.05
氟化物（mg/L）	1.2
硝酸盐（以 N 计，mg/L）	20
3. 感官性状和一般化学指标	
色度（铂钴色度单位）	20
浑浊度（散射浊度单位，NTU）	3 水源与净水技术条件限制时为 5
pH（pH 单位）	不小于 6.5 且不大于 9.5
溶解性总固体（mg/L）	1500
总硬度（以 $CaCO_3$ 计，mg/L）	550
耗氧量（COD_{Mn} 法，以 O_2 计，mg/L）	5
铁（mg/L）	0.5
锰（mg/L）	0.3
氯化物（mg/L）	300
硫酸盐（mg/L）	300

二、水质检验方法

生活饮用水水质检验按照 GB/T 5750 执行。

三、生活饮用水水质参考指标及限值（GB 5749—2006 附录 A)

当饮用水中含有表 5 中所列指标时，可参考表中限值评价。

表5　生活饮用水水质参考指标及限值

指　　　标	限　　　值
肠球菌（CFU/100ml）	0
产气荚膜梭状芽孢杆菌（CFU/100ml）	0
二（2-乙基己基）己二酸酯（mg/L）	0.4
二溴乙烯（mg/L）	0.00005
二噁英（2，3，7，8-TCDD，mg/L）	0.00000003
土臭素（二甲基萘烷醇，mg/L）	0.00001
五氯丙烷（mg/L）	0.03
双酚 A（mg/L）	0.01
丙烯腈（mg/L）	0.1
丙烯酸（mg/L）	0.5
丙烯醛（mg/L）	0.1
四乙基铅（mg/L）	0.0001
戊二醛（mg/L）	0.07
甲基异莰醇-2（mg/L）	0.00001
石油类（总量，mg/L）	0.3
石棉（>10μm，万个/L）	700
亚硝酸盐（mg/L）	1
多环芳烃（总量，mg/L）	0.002
多氯联苯（总量，mg/L）	0.0005
邻苯二甲酸二乙酯（mg/L）	0.3
邻苯二甲酸二丁酯（mg/L）	0.003
环烷酸（mg/L）	1.0
苯甲醚（mg/L）	0.05
总有机碳（TOC，mg/L）	5
β-萘酚（mg/L）	0.4
黄原酸丁酯（mg/L）	0.001
氯化乙基汞（mg/L）	0.0001
硝基苯（mg/L）	0.017

附录五　环境空气质量标准（GB 3095—2012）

一、环境空气功能区分类和质量要求

（一）环境空气功能区分类

环境空气功能区分为两类：一类区为自然保护区、风景名胜区和其他需要特殊保护的区域；二类区为居住区、商业交通居民混合区、文化区、工业区和农村地区。

（二）环境空气功能区质量要求

一类区适用一级浓度限值，二类区适用二级浓度限值。一、二类环境空气功能区质量要求见表1和表2所列。

表1　环境空气污染物基本项目浓度限值

序号	污染物项目	平均时间	浓度限值		单位
			一级	一级	
1	二氧化硫（SO_2）	年平均	20	60	$\mu g/m^3$
		24h平均	50	150	
		1h平均	150	500	
2	二氧化氮（NO_2）	年平均	40	40	
		24h平均	80	80	
		1h平均	200	200	
3	一氧化碳（CO）	24h平均	4	4	mg/m^3
		1h平均	10	10	
4	臭氧（O_3）	日最大8h平均	100	160	$\mu g/m^3$
		1h平均	160	200	
5	颗粒物（粒径小于等于10μm）	年平均	40	70	
		24h平均	50	150	
6	颗粒物（粒径小于等于2.5μm）	年平均	15	35	
		24h平均	35	75	

表 2　环境空气污染物其他项目浓度限值

序号	污染物项目	平均时间	浓度限值		单位
			一级	二级	
1	总悬浮颗粒物（TSP）	年平均	80	200	μg/m³
		24h 平均	120	300	
2	氮氧化物（NO$_x$）	年平均	50	50	
		24h 平均	100	100	
		1h 平均	250	250	
3	铅（Pb）	年平均	0.5	0.5	
		季平均	1	1	
4	苯并［a］芘（BaP）	年平均	0.001	0.001	
		24h 平均	0.0025	0.0025	

二、监测

应按表 3 的要求，采用相应的方法分析各项污染物的浓度。

表 3　各项污染物分析方法

序号	污染物项目	手工分析方法		自动分析方法
		分析方法	标准编号	
1	二氧化硫（SO$_2$）	环境空气二氧化硫的测定：甲醛吸收-副玫瑰苯胺分光光度法	HJ 482	紫外荧光法、差分吸收光谱分析法
		环境空气二氧化硫的测定：四氯汞盐吸收-副玫瑰苯胺分光光度法	HJ 483	
2	二氧化氮（NO$_2$）	环境空气氮氧化物（一氧化氮和二氧化氮）的测定：盐酸萘乙二胺分光光度法	HJ 479	化学发光法、差分吸收光谱分析法
3	一氧化碳（CO）	空气质量一氧化碳的测定：非分散红外法	GB 9801	气体滤波相关红外吸收法、非分散红外吸收法

（续表）

序号	污染物项目	手工分析方法		自动分析方法
		分析方法	标准编号	
4	臭氧（O₃）	环境空气臭氧的测定：靛蓝二磺酸钠分光光度法	HJ 504	紫外荧光法、差分吸收光谱分析法
		环境空气臭氧的测定：紫外光度法	HJ 590	
5	颗粒物（粒径小于等于10μm）	环境空气 PM₁₀ 和 PM₂.₅ 的测定：重量法	HJ 618	微量振荡天平法、â射线法
6	颗粒物（粒径小于等于2.5μm）	环境空气 PM₁₀ 和 PM₂.₅ 的测定：重量法	HJ 618	微量振荡天平法、â射线法
7	总悬浮颗粒物（TSP）	环境空气总悬浮颗粒物的测定：重量法	GB/T 15432	—
8	氮氧化物（NOₓ）	环境空气氮氧化物（一氧化氮和二氧化氮）的测定：盐酸萘乙二胺分光光度法	HJ 479	化学发光法、差分吸收光谱分析法
9	铅（Pb）	环境空气铅的测定：石墨炉原子吸收分光光度法（暂行）	HJ 539	—
		环境空气铅的测定：火焰原子吸收分光光度法	GB/T 15264	—
10	苯并［a］芘（BaP）	空气质量飘尘中苯并［a］芘的测定：乙酰化滤纸层析荧光分光光度法	GB 8971	—
		环境空气苯并［a］芘的测定：高效液相色谱法	GB/T 15439	—

三、数据统计的有效性规定

任何情况下，有效的污染物浓度数据均应符合表 4 中的最低要求，否则应视为无效数据。

表4 污染物浓度数据有效性的最低要求

污染物项目	平均时间	数据有效性规定
二氧化硫（SO_2）、二氧化氮（NO_2）、颗粒物（粒径小于等于10μm）、颗粒物（粒径小于等于2.5μm）、氮氧化物（NO_x）	年平均	每年至少有324个日平均浓度值，每月至少有27个日平均浓度值（二月至少有25个日平均浓度值）
二氧化硫（SO_2）、二氧化氮（NO_2）、一氧化碳（CO）、颗粒物（粒径小于等于10μm）、颗粒物（粒径小于等于2.5μm）、氮氧化物（NO_x）	24h平均	每日至少有20h平均浓度值或采样时间
臭氧（O_3）	8h平均	每8h至少有6h平均浓度值
二氧化硫（SO_2）、二氧化氮（NO_2）、一氧化碳（CO）、臭氧（O_3）、氮氧化物（NO_x）	1h平均	每小时至少有45min的采样时间
总悬浮颗粒物（TSP）、苯并[a]芘（BaP）、铅（Pb）	年平均	每年至少有分布均匀的60个日平均浓度值，每月至少有分布均匀的5个日平均浓度值
铅（Pb）	季平均	每季至少有分布均匀的15个日平均浓度值，每月至少有分布均匀的5个日平均浓度值
总悬浮颗粒物（TSP）、苯并[a]芘（BaP）、铅（Pb）	24h平均	每日应有24h的采样时间

四、环境空气中镉、汞、砷、六价铬和氟化物参考浓度限值（GB 3095—2012 附录A）

各省级人民政府可根据当地环境保护的需要，针对环境污染的特点，对GB 3095—2012中未规定的污染物项目制定并实施地方环境空气质量标准。环境空气中部分污染物参考浓度限值见表5所列。

表5　环境空气中镉、汞、砷、六价铬和氟化物参考浓度限值

序号	污染物项目	平均时间	浓度（通量）限值		单位
			一级	一级	
1	镉（Cd）	年平均	0.005	0.005	μg/m³
2	汞（Hg）	年平均	0.05	0.05	
3	砷（As）	年平均	0.006	0.006	
4	六价铬［Cr（Ⅵ）］	年平均	0.000025	0.000025	
5	氟化物（F）	1h平均	20①	20①	
		24h平均	7①	7①	
		月平均	1.8②	3.0③	μg/（dm²·d）
		植物生长季平均	1.2②	2.0③	

注：①适用于城市地区；②适用于牧业区和以牧业为主的半农半牧区，蚕桑区；③适用于农业和林业区。

附录六 室内空气质量标准 (GB 18883—2002)

一、室内空气质量

室内空气应无毒、无害、无异常嗅味。室内空气质量标准见表1。

表 1 室内空气质量标准

序号	参数类别	参数	单位	标准值	备注
1	物理性	温度	℃	22～28	夏季空调
				16～24	冬季采暖
2		相对湿度	%	40～80	夏季空调
				30～60	冬季采暖
3		空气流速	m/S	0.3	夏季空调
				0.2	冬季采暖
4		新风量	$m^3/(h \cdot 人)$	30[a]	
5	化学性	二氧化硫 (SO_2)	mg/m^3	0.50	1h 均值
6		二氧化氮 (NO_2)	mg/m^3	0.24	1h 均值
7		一氧化碳 (CO)	mg/m^3	10	1h 均值
8		二氧化碳 (CO_2)	%	0.10	日平均值
9		氨 (NH_3)	mg/m^3	0.20	1h 均值
10		臭氧 (O_3)	mg/m^3	0.16	1h 均值
11		甲醛 (HCHO)	mg/m^3	0.10	1h 均值
12		苯 (C_6H_6)	mg/m^3	0.11	1h 均值
13		甲苯 (C_7H_8)	mg/m^3	0.20	1h 均值
14		二甲苯 (C_8H_{10})	mg/m^3	0.20	1h 均值
15		苯并 [a] 芘 B (a) P	mg/m^3	1.0	日平均值
16		可吸入颗粒物 (PM_{10})	mg/m^3	0.15	日平均值
17		总挥发性有机物 (TVOC)	mg/m^3	0.60	8h 均值

（续表）

序号	参数类别	参数	单位	标准值	备注
18	生物性	菌落总数	cfu/m³	2500	依据仪器定[b]
19	放射性	氡^{222}Rn	Bq/m³	400	年平均值（行动水平[c]）

注：a 新风量要求≥标准值，除温度、相对湿度外的其他参数要求≤标准值；

b 见附录 D；

c 达到此水平建议采取干预行动以降低室内氡浓度。

二、室内空气质量检验（GB/T 18883—2002 附录）

（一）室内空气监测技术导则——GB/T 18883—2002 附录 A

1. 范围

本导则规定了室内空气监测时的选点要求、采样时间和频率、采样方法和仪器、室内空气中各种参数的检验方法、质量保证措施、测试结果和评价。

2. 选点要求

（1）采样点的数量：采样点的数量根据监测室内面积大小和现场情况而确定，以期能正确反映室内空气污染物的水平。原则上小于 50m² 的房间应设 1～3 个点；50～100m² 设 3～5 个点；100m² 以上至少设 5 个点。在对角线上或梅花式均匀分布。

（2）采样点应避开通风口，离墙壁距离应大于 0.5m。

（3）采样点的高度：原则上与人的呼吸带高度相一致。相对高度 0.5～1.5m 之间。

3. 采样时间和频率

年平均浓度至少采样 3 个月，日平均浓度至少采样 18h，8h 平均浓度至少采样 6h，1h 平均浓度至少采样 45min，采样时间应涵盖通风最差的时间段。

4. 采样方法和采样仪器

根据污染物在室内空气中存在状态，选用合适的采样方法和仪器，用于室内的采样器的噪声应小于 50dB（A）。具体采样方法应按各个污染物检验方法中规定的方法和操作步骤进行。

（1）筛选法采样：采样前关闭门窗 12h，采样时关闭门窗，至少采样 45min。

（2）累积法采样：当采用筛选法采样达不到本标准要求时，必须采用累积法（按年平均、日平均、8h 平均值）的要求采样。

5. 采样的质量保证措施

（1）气密性检查：有动力采样器在采样前应对采样系统气密性进行检查，不得漏气。

（2）流量校准：采样系统流量要能保持恒定，采样前和采样后要用一级皂膜计校准采样系统进气流量，误差不超过 5%。

采样器流量校准：在采样器正常使用状态下，用一级皂膜计校准采样器流量计的刻度，校准 5 个点，绘制流量标准曲线。记录校准时的大气压力和温度。

（3）空白检验：在一批现场采样中，应留有两个采样管不采样，并按其他样品管一样对待，作为采样过程中空白检验，若空白检验超过控制范围，则这批样品作废。

（4）仪器使用前，应按仪器说明书对仪器进行检验和标定。

（5）在计算浓度时应用下式将采样体积换算成标准状态下的体积：

$$V_0 = V \frac{T_0}{T} \cdot \frac{P}{P_0}$$

式中：V_0——换算成标准状态下的采样体积，L；

　　　V——采样体积，L；

　　　T_0——标准状态的绝对温度，273K；

　　　T——采样时采样点现场的温度（t）与标准状态的绝对温度之和，（$t+273$）K；

　　　P_0——标准状态下的大气压力，101.3kPa；

　　　P——采样时采样点的大气压，kPa。

（6）每次平行采样，测定之差与平均值比较的相对偏差不超过 20%。

6. 检验方法

室内空气中各种参数的检验方法见表 2。

表 2　室内空气中各种参数的检验方法

序号	参数	检验方法	来源
1	二氧化硫（SO_2）	（1）甲醛溶液吸收-盐酸副玫瑰苯胺分光光度法	（1）GB/T 16128　GB/T 15262
2	二氧化氮（NO_2）	（1）改进的 Saltzaman 法	（1）GB 12372　GB/T 15435
3	一氧化碳（CO）	（1）非分散红外法（2）不分光红外线气体分析法、气相色谱法、汞置换法	（1）GB 9801（2）GB/T 18204.23
4	二氧化碳（CO_2）	（1）不分光红外线气体分析法（2）气相色谱法（3）容量滴定法	GB/T 18204.24

（续表）

序号	参数	检验方法	来源
5	氨（NH₃）	(1) 靛酚蓝分光光度法、纳氏试剂分光光度法 (2) 离子选择电极法 (3) 次氯酸钠-水杨酸分光光度法	(1) GB/T 18204.25；GB/T 14668 (2) GB/T 14669 (3) GB/T 14679
6	臭氧（O₃）	(1) 紫外光度法 (2) 靛蓝二磺酸钠分光光度法	(1) GB/T 15438 (2) GB/T 18204.27　GB/T 15437
7	甲醛（HCHO）	(1) AHMT 分光光度法 (2) 酚试剂分光光度法气相色谱法 (3) 乙酰丙酮分光光度法	(1) GB/T 16129 (2) GB/T 18204.26 (3) GB/T 15516
8	苯（C₆H₆）	气相色谱法	(1) GB/T 18883—2002 附录 B (2) GB 11737
9	甲苯（C₇H₈）二甲苯（C₈H₁₀）	气相色谱法	(1) GB 11737 (2) GB 14677
10	苯并［a］芘 B（a）P	高效液相色谱法	GB/T 15439
11	可吸入颗粒物（PM₁₀）	撞击式-称重法	GB/T 17095
12	总挥发性有机物（TVOC）	气相色谱法	GB/T 18883—2002 附录 C
13	细菌总数	撞击法	GB/T 18883—2002 附录 D
14	温度	(1) 玻璃液体温度计法 (2) 数显式温度计法	GB/T 18204.13
15	相对湿度	(1) 通风干湿表法 (2) 氯化锂湿度计法 (3) 电容式数字湿度计法	GB/T 18204.14
16	空气流速	(1) 热球式电风速计法 (2) 数字式风速表法	GB/T 18204.15

（续表）

序号	参数	检验方法	来源
17	新风量	示踪气体法	GB/T 18204.18
18	氡^{222}Rn	（1）空气中氡浓度的闪烁瓶测量方法 （2）径迹蚀刻法 （3）双滤膜法 （4）活性炭盒法	（1）GB/T 16147 （2）GB/T 14582

注：检验方法中（1）法为仲裁法。

附录七　城镇污水处理厂污染物排放标准（GB 18918—2002）

一、水污染物排放标准

表1　基本控制项目最高允许排放浓度（日均值）　　　　（单位：mg/L）

序号	基本控制项目		一级标准		二级标准	三级标准
			A 标准	B 标准		
1	化学需氧量（COD）		50	60	100	120①
2	生化需氧量（BOD₅）		10	20	30	60①
3	悬浮物（SS）		10	20	30	50
4	动植物油		1	3	5	20
5	石油类		1	3	5	15
6	阴离子表面活性剂		0.5	1	2	5
7	总氮（以 N 计）		15	20		
8	氨氮（以 N 计）②		5（8）	8（15）	25（30）	
9	总磷（以 P 计）	2005 年 12 月 31 日前建设的	1	1.5	3	5
		2006 年 1 月 1 日起建设的	0.5	1	3	5
10	色度（稀释倍数）		30	30	40	50
11	pH		6～9			
12	粪大肠菌群数（个/L）		10^3	10^4	10^4	

一级标准的 A 标准是城镇污水处理厂出水作为回用水的基本要求。当污水处理厂出水引入稀释能力较小的河湖作为城镇景观用水和一般回用水等用途时，执行一级标准的 A 标准。

注：①下列情况下按去除率指标执行：当进水 COD 大于 350mg/L 时，去除率应大于
　　　60%；BOD 大于 160mg/L 时，去除率应大于 50%。
　　②括号外数值为水温＞12℃时的控制指标，括号内数值为水温≤12℃时的控制指标。

表 2　部分一类污染物最高允许排放浓度（日均值）　　　　（单位：mg/L）

序号	项目	标准值
1	总汞	0.001
2	烷基汞	不得检出
3	总镉	0.01
4	总铬	0.1
5	六价铬	0.05
6	总砷	0.1
7	总铅	0.1

表 3　选择控制项目最高允许排放浓度（日均值）　　　　（单位：mg/L）

序号	选择控制项目	标准值	序号	选择控制项目	标准值
1	总镍	0.05	23	三氯乙烯	0.3
2	总铍	0.002	24	四氯乙烯	0.1
3	总银	0.1	25	苯	0.1
4	总铜	0.5	26	甲苯	0.1
5	总锌	1.0	27	邻-二甲苯	0.4
6	总锰	2.0	28	对-二甲苯	0.4
7	总硒	0.1	29	间-二甲苯	0.4
8	苯并（a）芘	0.00003	30	乙苯	0.4
9	挥发酚	0.5	31	氯苯	0.3
10	总氰化物	0.5	32	1，4-二氯苯	0.4
11	硫化物	1.0	33	1，2-二氯苯	1.0
12	甲醛	1.0	34	对硝基氯苯	0.5
13	苯胺类	0.5	35	2，4-二硝基氯苯	0.5
14	总硝基化合物	2.0	36	苯酚	0.3
15	有机磷农药（以 P 计）	0.5	37	间-甲酚	0.1
16	马拉硫磷	1.0	38	2，4-二氯酚	0.6
17	乐果	0.5	39	2，4，6-三氯酚	0.6
18	对硫磷	0.05	40	邻苯二甲酸二丁酯	0.1

（续表）

序号	选择控制项目	标准值	序号	选择控制项目	标准值
19	甲基对硫磷	0.2	41	邻苯二甲酸二辛酯	0.1
20	五氯酚	0.5	42	丙烯腈	2.0
21	三氯甲烷	0.3	43	可吸附有机卤化物（AOX 以 Cl 计）	1.0
22	四氯化碳	0.03			

二、大气污染物排放标准

城镇污水处理厂废气的排放标准值按表 4 的规定执行。

表 4　厂界（防护带边缘）废气排放最高允许浓度　　（单位：mg/m³）

序号	控制项目	一级标准	二级标准	三级标准
1	氨	1.0	1.5	4.0
2	硫化氢	0.03	0.06	0.32
3	臭气浓度（无量纲）	10	20	60
4	甲烷（厂区最高体积浓度,%）	0.5	1	1

三、污泥控制标准

城镇污水处理厂的污泥应进行稳定化处理，稳定化处理后应达到表 5 的规定。

表 5　污泥稳定化控制指标

稳定化方法	控制项目	控制指标
厌氧消化	有机物降解率（%）	＞40
好氧消化	有机物降解率（%）	＞40
好氧堆肥	含水率（%）	＜65
	有机物降解率（%）	＞50
	蠕虫卵死亡率（%）	＞95
	粪大肠菌群菌值	＞0.01

城镇污水处理厂的污泥应进行污泥脱水处理，脱水后污泥含水率应小于80%。处理后的污泥进行填埋处理时，应达到安全填埋的相关环境保护要求。处

理后的污泥农用时,其污染物含量应满足表 6 的要求。其施用条件须符合 GB 4284 的有关规定。

表 6 污泥农用时污染物控制标准限值

序号	控制项目	最高允许含量(mg/kg 干污泥)	
		在酸性土壤上(pH<6.5)	在中性和碱性土壤上(pH≥6.5)
1	总镉	5	20
2	总汞	5	15
3	总铅	300	1000
4	总铬	600	1000
5	总砷	75	75
6	总镍	100	200
7	总锌	2000	3000
8	总铜	800	1500
9	硼	150	150
10	石油类	3000	3000
11	苯并(a)芘	3	3
12	多氯代二苯并二噁英/多氯代二苯并呋喃(PCDD/PCDF 单位:ng 毒性单位/kg 干污泥)	100	100
13	可吸附有机卤化物(AOX)(以 Cl 计)	500	500
14	多氯联苯(PCB)	0.2	0.2

四、城镇污水处理厂污染物监测分析方法

城镇污水处理厂污染物监测分析按表 7、表 8、表 9 中方法执行。

表 7 水污染物监测分析方法

序号	控制项目	测定方法	测定下限(mg/L)	方法来源
1	化学需氧量(COD)	重铬酸盐法	30	GB 11914—89
2	生化需氧量(BOD)	稀释与接种法	2	GB 7488—87

（续表）

序号	控制项目	测定方法	测定下限（mg/L)	方法来源
3	悬浮物（SS）	重量法		GB 11901—89
4	动植物油	红外光度法	0.1	GB/T 16488—1996
5	石油类	红外光度法	0.1	GB/T 16488—1996
6	阴离子表面活性剂	亚甲蓝分光光度法	0.05	GB 7494—87
7	总氮	碱性过硫酸钾-消解紫外分光光度法	0.05	GB 11894—89
8	氨氮	蒸馏和滴定法	0.2	GB 7478—87
9	总磷	钼酸铵分光光度法	0.01	GB 11893—89
10	色度	稀释倍数法		GB 11903—89
11	pH 值	玻璃电极法		GB 6920—86
12	粪大肠菌群数	多管发酵法		1)
13	总汞	冷子原吸收分光光度法	0.0001	GB 7468—87
		双硫腙分光光度法	0.002	GB 7469—87
14	烷基汞	气相色谱法	10ng/L	GB/T 14204—93
15	总镉	原子吸收分光光度法（螯合萃取法）	0.001	GB 7475—87
		双硫腙分光光度法	0.001	GB 7471—87
16	总铬	高锰酸钾氧化-二苯碳酰二肼分光光度法	0.004	GB 7466—87
17	六价铬	二苯碳酰二肼分光光度法	0.004	GB 7467—87
18	总砷	二乙基二硫代氨基甲酸银分光光度法	0.007	GB 7485—87
19	总铅	原子吸收分光光度法（螯合萃取法）	0.01	GB 7475—87
		双硫腙分光光度法	0.01	GB 7470—87
20	总镍	火焰原子吸收分光光度法	0.05	GB 11912—89
		丁二酮肟分光光度法	0.25	GB 11910—89
21	总铍	活性炭吸附-铬天菁 S 光度法		1)
22	总银	火焰原子吸收分光光度法	0.03	GB 11907—89
		镉试剂 2B 分光光度法	0.01	GB 11908—89
23	总铜	原子吸收分光光度法	0.01	GB 7475—87
		二乙基二硫氨基甲酸钠分光光度法	0.01	GB 7474—87

（续表）

序号	控制项目	测定方法	测定下限（mg/L）	方法来源
24	总锌	原子吸收分光光度法	0.05	GB 7475—87
		双硫腙分光光度法	0.005	GB 7472—87
25	总锰	火焰原子吸收分光光度法	0.01	GB 11911—89
		高碘酸钾分光光度法	0.02	GB 11906—89
26	总硒	2，3-二氨基萘荧光法	0.25μg/L	GB 11902—89
27	苯并（a）芘	高压液相色谱法	0.001μg/L	GB 13198—91
		乙酰化滤纸层析荧光分光光度法	0.004μg/L	GB 11895—89
28	挥发酚	蒸馏后 4-氨基安替比林分光光度法	0.002	GB 7490—87
29	总氰化物	硝酸银滴定法	0.25	GB 7486—87
		异烟酸-吡唑啉酮比色法	0.004	GB 7486—87
		吡啶-巴比妥酸比色法	0.002	GB 7486—87
30	硫化物	亚甲基蓝分光光度法	0.005	GB/T 16489—1996
		直接显色分光光度法	0.004	GB/T 17133—1997
31	甲醛	乙酰丙酮分光光度法	0.05	GB 13197—91
32	苯胺类	N-（1萘基）乙二胺偶氮分光光度法	0.03	GB 11889—89
33	总硝基化合物	气相色谱法	5μg/L	GB 4919—85
34	有机磷农药（以 P 计）	气相色谱法	0.5μg/L	GB 13192—91
35	马拉硫磷	气相色谱法	0.64μg/L	GB 13192—91
36	乐果	气相色谱法	0.57μg/L	GB 13192—91
37	对硫磷	气相色谱法	0.54μg/L	GB 13192—91
38	甲基对硫磷	气相色谱法	0.42μg/L	GB 13192—91
39	五氯酚	气相色谱法	0.04μg/L	GB 8972—88
		藏红 T 分光光度法	0.01	GB 9803—88
40	三氯甲烷	顶空气相色谱法	0.30μg/L	GB/T 17130—1997
41	四氯化碳	顶空气相色谱法	0.05μg/L	GB/T 17130—1997
42	三氯乙烯	顶空气相色谱法	0.50μg/L	GB/T 17130—1997
43	四氯乙烯	顶空气相色谱法	0.20μg/L	GB/T 17130—1997

（续表）

序号	控制项目	测定方法	测定下限（mg/L）	方法来源
44	苯	气相色谱法	0.05	GB 11890—89
45	甲苯	气相色谱法	0.05	GB 11890—89
46	邻-二甲苯	气相色谱法	0.05	GB 11890—89
47	对-二甲苯	气相色谱法	0.05	GB 11890—89
48	间-二甲苯	气相色谱法	0.05	GB 11890—89
49	乙苯	气相色谱法	0.05	GB 11890—89
50	氯苯	气相色谱法		HJ/T 74—2001
51	1，4-二氯苯	气相色谱法	0.005	GB/T 17131—1997
52	1，2-二氯苯	气相色谱法	0.002	GB/T 17131—1997
53	对硝基氯苯	气相色谱法		GB 13194—91
54	2，4-二硝基氯苯	气相色谱法		GB 13194—91
55	苯酚	液相色谱法	1.0μg/L	1)
56	间-甲酚	液相色谱法	0.8μg/L	1)
57	2，4-二氯酚	液相色谱法	1.1μg/L	1)
58	2，4，6-三氯酚	液相色谱法	0.8μg/L	1)
59	邻苯二甲酸二丁酯	气相、液相色谱法		HJ/T 72—2001
60	邻苯二甲酸二辛酯	气相、液相色谱法		HJ/T 72—2001
61	丙烯腈	气相色谱法		HJ/T 73—2001
62	可吸附有机卤化物（AOX）（以 Cl 计）	微库仑法	10μg/L	GB/T 15959—1995
		离子色谱法		HJ/T 83—2001

注：1)《水和废水监测分析方法（第三版、第四版）》，中国环境科学出版社。

表 8　大气污染物监测分析方法

序号	控制项目	测定方法	方法来源
1	氨	次氯酸钠-水杨酸分光光度法	GB/T 14679—93
2	硫化氢	气相色谱法	GB/T 14678—93
3	臭气浓度	三点比较式臭袋法	GB/T 14675—93
4	甲烷	气相色谱法	CJ/T 3037—95

表 9　污泥特性及污染物监测分析方法

序号	控制项目	测定方法	方法来源
1	污泥含水率	烘干法	1)
2	有机质	重铬酸钾法	1)
3	蠕虫卵死亡率	显微镜法	GB 7959—87
4	粪大肠菌群菌值	发酵法	GB 7959—87
5	总镉	石墨炉原子吸收分光光度法	GB/T 17141—1997
6	总汞	冷原子吸收分光光度法	GB/T 17136—1997
7	总铅	石墨炉原子吸收分光光度法	GB/T 17141—1997
8	总铬	火焰原子吸收分光光度法	GB/T 17137—1997
9	总砷	硼氢化钾-硝酸银分光光度法	GB/T 17135—1997
10	硼	姜黄素比色法	2)
11	矿物油	红外分光光度法	2)
12	苯并（a）芘	气相色谱法	2)
13	总铜	火焰原子吸收分光光度法	GB/T 17138—1997
14	总锌	火焰原子吸收分光光度法	GB/T 17138—1997
15	总镍	火焰原子吸收分光光度法	GB/T 17139—1997
16	多氯代二苯并二噁英/多氯代二苯并呋喃（PCDD/PCDF）	同位素稀释高分辨毛细管气相色谱/高分辨质谱法	HJ/T 77—2001
17	可吸附有机卤化物（AOX）		待定
18	多氯联苯（PCB）	气相色谱法	待定

注：1)《城镇垃圾农用监测分析方法》；
　　2)《农用污泥监测分析方法》。

附录八　声环境质量标准（GB 3096—2008）

本标准适用于五类声环境功能区声环境质量评价与管理。

机场周围区域受飞机通过（起飞、降落、低空飞越）噪声的影响，不适用于本标准。

一、声环境功能区分类

按区域的使用功能特点和环境质量要求，声环境功能区分为以下五种类型：

0 类声环境功能区：指康复疗养区等特别需要安静的区域。

1 类声环境功能区：指以居民住宅、医疗卫生、文化教育、科研设计、行政办公为主要功能，需要保持安静的区域。

2 类声环境功能区：指以商业金融、集市贸易为主要功能，或者居住、商业、工业混杂，需要维护住宅安静的区域。

3 类声环境功能区：指以工业生产、仓储物流为主要功能，需要防止工业噪声对周围环境产生严重影响的区域。

4 类声环境功能区：指交通干线两侧一定距离之内，需要防止交通噪声对周围环境产生严重影响的区域，包括 4a 类和 4b 类两种类型。4a 类为高速公路、一级公路、二级公路、城市快速路、城市主干路、城市次干路、城市轨道交通（地面段）、内河航道两侧区域；4b 类为铁路干线两侧区域。

二、环境噪声限值

各类声环境功能区适用表 1 规定的环境噪声等效声级限值。

表 1　环境噪声限值　　　　　　　　　　　　　　（单位：dB（A））

时段 声环境功能区类别	昼间 （6：00～22：00）	夜间 （22：00～次日 6：00）
0 类	50	40
1 类	55	45
2 类	60	50

时　段 声环境功能区类别		昼间 （6：00～22：00）	夜间 （22：00～次日 6：00）
3 类		65	55
4 类	4a 类	70	55
	4b 类	70	60

三、环境噪声监测要求

1. 测量仪器

测量仪器精度为 2 型及 2 型以上的积分平均声级计或环境噪声自动监测仪器，其性能需符合 GB3785 和 GB/T 17181 的规定，并定期校验。测量前后使用声校准器校准测量仪器的示值偏差不得大于 0.5dB，否则测量无效。声校准器应满足 GB/T 15173 对 1 级或 2 级声校准器的要求。测量时传声器应加防风罩。

2. 测点选择

根据监测对象和目的，可选择以下三种测点条件（指传声器所置位置）进行环境噪声的测量：

（1）一般户外

距离任何反射物（地面除外）至少 3.5m 外测量，距地面高度 1.2m 以上。必要时可置于高层建筑上，以扩大监测受声范围。使用监测车辆测量，传声器应固定在车顶部 1.2m 高度处。

（2）噪声敏感建筑物户外

在噪声敏感建筑物外，距墙壁或窗户 1m 处，距地面高度 1.2m 以上。

（3）噪声敏感建筑物室内

距离墙面和其他反射面至少 1m，距窗约 1.5m 处，距地面 1.2～1.5m 高。

3. 气象条件

测量应在无雨雪、无雷电天气，风速 5m/s 以下时进行。

4. 监测类型与方法

根据监测对象和目的，环境噪声监测分为声环境功能区监测和噪声敏感建筑物监测两种类型，分别采用相应的监测方法。

5. 测量记录

测量记录应包括以下事项：

（1）日期、时间、地点及测定人员；

（2）使用仪器型号、编号及其校准记录；

（3）测定时间内的气象条件（风向、风速、雨雪等天气状况）；

（4）测量项目及测定结果；

（5）测量依据的标准；

（6）测点示意图；

（7）声源及运行工况说明（如交通噪声测量的交通流量等）；

（8）其他应记录的事项。

四、声环境功能区的划分要求

1. 城市声环境功能区的划分

城市区域应按照 GB/T 15190 的规定划分声环境功能区，分别执行本标准规定的 0、1、2、3、4 类声环境功能区环境噪声限值。

2. 乡村声环境功能的确定

乡村区域一般不划分声环境功能区，根据环境管理的需要，县级以上人民政府环境保护行政主管部门可按以下要求确定乡村区域适用的声环境质量要求：

（1）位于乡村的康复疗养区执行 0 类声环境功能区要求；

（2）村庄原则上执行 1 类声环境功能区要求，工业活动较多的村庄以及有交通干线经过的村庄（指执行 4 类声环境功能区要求以外的地区）可局部或全部执行 2 类声环境功能区要求；

（3）集镇执行 2 类声环境功能区要求；

（4）独立于村庄、集镇之外的工业、仓储集中区执行 3 类声环境功能区要求；

（5）位于交通干线两侧一定距离（参考 GB/T 15190 第 8.3 条规定）内的噪声敏感建筑物执行 4 类声环境功能区要求。

五、环境噪声监测方法

（一）声环境功能区监测方法

1. 监测目的

评价不同声环境功能区昼间、夜间的声环境质量，了解功能区环境噪声时空分布特征。

2. 定点监测法

（1）监测要求

选择能反映各类功能区声环境质量特征的监测点 1 至若干个，进行长期定点监测，每次测量的位置、高度应保持不变。

对于 0、1、2、3 类声环境功能区，该监测点应为户外长期稳定、距地面高度为声场空间垂直分布的可能最大值处，其位置应能避开反射面和附近的固定噪声源；4 类声环境功能区监测点设于 4 类区内第一排噪声敏感建筑物户外交通噪声空间垂直分布的可能最大值处。

声环境功能区监测每次至少进行一昼夜 24h 的连续监测，得出每小时及昼间、夜间的等效声级 L_{eq}、L_d、L_n 和最大声级 L_{max}。用于噪声分析目的，可适当增加监测项目，如累积百分声级 L_{10}、L_{50}、L_{90} 等。监测应避开节假日和非正常工作日。

（2）监测结果评价

各监测点位测量结果独立评价，以昼间等效声级 L_d 和夜间等效声级 L_n 作为评价各监测点位声环境质量是否达标的基本依据。

一个功能区设有多个测点的，应按点次分别统计昼间、夜间的达标率。

（3）环境噪声自动监测系统

全国重点环保城市以及其他有条件的城市和地区宜设置环境噪声自动监测系统，进行不同声环境功能区监测点的连续自动监测。

环境噪声自动监测系统主要由自动监测子站和中心站及通信系统组成，其中自动监测子站由全天候户外传声器、智能噪声自动监测仪器、数据传输设备等构成。

3. 普查监测法

（1）0～3 类声环境功能区普查监测

1）监测要求

将要普查监测的某一声环境功能区划分成多个等大的正方格，网格要完全覆盖住被普查的区域，且有效网格总数应多于 100 个。测点应设在每一个网格的中心，测点条件为一般户外条件。

监测分别在昼间工作时间和夜间 22：00～24：00（时间不足可顺延）进行。在前述测量时间内，每次每个测点测量 10min 的等效声级 L_{eq}，同时记录噪声主要来源。监测应避开节假日和非正常工作日。

2）监测结果评价

将全部网格中心测点测得的 10min 的等效声级 L_{eq} 做算术平均运算，所得到的平均值代表某一声环境功能区的总体环境噪声水平，并计算标准偏差。

根据每个网格中心的噪声值及对应的网格面积，统计不同噪声影响水平下的面积百分比，以及昼间、夜间的达标面积比例。有条件的可估算受影响人口。

（2）4 类声环境功能区普查监测

1）监测要求

以自然路段、站场、河段等为基础，考虑交通运行特征和两侧噪声敏感建筑物分布情况，划分典型路段（包括河段）。在每个典型路段对应的 4 类区边界上（指 4 类区内无噪声敏感建筑物存在时）或第一排噪声敏感建筑物户外（指 4 类区内有噪声敏感建筑物存在时）选择 1 个测点进行噪声监测。这些测点应与站、场、码头、岔路口、河流汇入口等相隔一定的距离，避开这些地点的噪声干扰。

监测分昼、夜两个时段进行。分别测量如下规定时间内的等效声级 L_{eq} 和交通流量，对铁路、城市轨道交通线路（地面段），应同时测量最大声级 L_{max}，对道路交通噪声应同时测量累积百分声级 L_{10}、L_{50}、L_{90}。

根据交通类型的差异，规定的测量时间为：

铁路、城市轨道交通（地面段）、内河航道两侧：昼、夜各测量不低于平均运行密度的 1h 值，若城市轨道交通（地面段）的运行车次密集，测量时间可缩短至 20min。

高速公路、一级公路、二级公路、城市快速路、城市主干路、城市次干路两侧：昼、夜各测量不低于平均运行密度的 20min 值。

监测应避开节假日和非正常工作日。

2）监测结果评价

将某条交通干线各典型路段测得的噪声值，按路段长度进行加权算术平均，以此得出某条交通干线两侧 4 类声环境功能区的环境噪声平均值。也可对某一区域内的所有铁路、确定为交通干线的道路、城市轨道交通（地面段）、内河航道按前述方法进行长度加权统计，得出针对某一区域、某一交通类型的环境噪声平均值。

根据每个典型路段的噪声值及对应的路段长度，统计不同噪声影响水平下的路段百分比，以及昼间、夜间的达标路段比例。有条件的可估算受影响人口。

对某条交通干线或某一区域、某一交通类型采取抽样测量的，应统计抽样路段比例。

（二）噪声敏感建筑物监测方法

1. 监测目的

了解噪声敏感建筑物户外（或室内）的环境噪声水平，评价是否符合所处声环境功能区的环境质量要求。

2. 监测要求

监测点一般设于噪声敏感建筑物户外。不得不在噪声敏感建筑物室内监测时，应在门窗全打开状况下进行室内噪声测量，并采用较该噪声敏感建筑物所在声环境功能区对应环境噪声限值低 10dB（A）的值作为评价依据。

对敏感建筑物的环境噪声监测应在周围环境噪声源正常工作条件下测量，视噪声源的运行工况，分昼、夜两个时段连续进行。根据环境噪声源的特征，可优化测量时间：

1）受固定噪声源的噪声影响

稳态噪声测量 1min 的等效声级 L_{eq}；非稳态噪声测量整个正常工作时间（或代表性时段）的等效声级 L_{eq}。

2）受交通噪声源的噪声影响

对于铁路、城市轨道交通（地面段）、内河航道，昼、夜各测量不低于平均运行密度的 1h 等效声级 L_{eq}，若城市轨道交通（地面段）的运行车次密集，测量时间可缩短至 20min。

对于道路交通，昼、夜各测量不低于平均运行密度的 20min 等效声级 L_{eq}。

3）受突发噪声的影响

以上监测对象夜间存在突发噪声的，应同时监测测量时段内的最大声级 L_{max}。

3. 监测结果评价

以昼间、夜间环境噪声源正常工作时段的 L_{eq} 和夜间突发噪声 L_{max} 作为评价噪声敏感建筑物户外（或室内）环境噪声水平是否符合所处声环境功能区的环境质量要求的依据。

附录九　土壤环境质量标准
（GB 15618—1995）

本标准适用于农田、蔬菜地、茶园、果园、牧场、林地、自然保护区等地的土壤。

一、土壤环境质量分类和标准分级

1. 土壤环境质量分类
根据土壤应用功能和保护目标，划分为三类：

Ⅰ类主要适用于国家规定的自然保护区（原有背景重金属含量高的除外）、集中式生活饮用水源地、茶园、牧场和其他保护地区的土壤，土壤质量基本保持自然背景水平。

Ⅱ类主要适用于一般农田、蔬菜地、茶园、果园、牧场等土壤，土壤质量基本上对植物和环境不造成危害和污染。

Ⅲ类主要适用于林地土壤及污染物容量较大的高背景值土壤和矿产附近等地的农田土壤（蔬菜地除外）。土壤质量基本上对植物和环境不造成危害和污染。

2. 标准分级
一级标准为保护区域自然生态，维持自然背景的土壤环境质量的限制值。

二级标准为保障农业生产，维护人体健康的土壤限制值。

三级标准为保障农林业生产和植物正常生长的土壤临界值。

3. 各类土壤环境质量执行标准的级别规定如下
Ⅰ类土壤环境质量执行一级标准。

Ⅱ类土壤环境质量执行二级标准。

Ⅲ类土壤环境质量执行三级标准。

二、标准值

本标准规定的三级标准值，见表1。

表 1 土壤环境质量标准值　　　　　　　　（单位：mg/kg）

级别 土壤　pH 值 项目	一级 自然背景	二级 <6.5	二级 6.5～7.5	二级 >7.5	三级 >6.5
镉　≤	0.20	0.30	0.60	1.0	1.0
汞　≤	0.15	0.30	0.50	1.0	1.5
砷水田　≤	15	30	25	20	30
旱地　≤	15	40	30	25	40
铜农田等　≤	35	50	100	100	400
果园　≤	—	150	200	200	400
铅　≤	35	250	300	350	500
铬水田　≤	90	250	300	350	400
旱地　≤	90	150	200	250	300
锌　≤	100	200	250	300	500
镍　≤	40	40	50	60	200
六六六　≤	0.05	0.50			1.0
滴滴涕　≤	0.05	0.50			1.0

注：①重金属铬（主要是三价）和砷均按元素量计，适用于阳离子交换量＞5cmol（＋）/kg 的土壤，若＜5cmol（＋）/kg，其标准值为表内数值的半数。

②六六六为四种异构体总量，滴滴涕为四种衍生物总量。

③水旱轮作地的土壤环境质量标准，砷采用水田值，铬采用旱地值。

三、监测方法

土壤环境质量标准中各项目检测按表 2 执行。

表 2 土壤环境质量标准选配分析方法

序号	项目	测定方法	检测范围 （mg/kg）	注释	分析方法来源
1	镉	土样经盐酸—硝酸—高氯酸（或盐酸—硝酸—氢氟酸—高氯酸）消解后 (1) 萃取-火焰原子吸收法测定 (2) 石墨炉原子吸收分光光度法测定	0.025 以上 0.005 以上	土壤总镉	①、②

序号	项目	测定方法	检测范围（mg/kg）	注释	分析方法来源
2	汞	土样经硝酸—硫酸—五氧化二钒或硫、硝酸—高锰酸钾消解后，冷原子吸收法测定	0.004 以上	土壤总汞	①、②
3	砷	（1）土样经硫酸—硝酸—高氯酸消解后，二乙基二硫代氨基甲酸银分光光度法测定 （2）土样经硝酸—盐酸—高氯酸消解后，硼氢化钾-硝酸银分光光度法测定	0.5 以上 0.1 以上	土壤总砷	①、②
4	铜	土样经盐酸—硝酸—高氯酸（或盐酸—硝酸—氢氟酸—高氯酸）消解后，火焰原子吸收分光光度法测定	1.0 以上	土壤总铜	①、②
5	铅	土样经盐酸—硝酸—氢氟酸—高氯酸消解后 （1）萃取-火焰原子吸收法测定 （2）石墨炉原子吸收分光光度法测定	0.4 以上 0.06 以上	土壤总铅	②
6	铬	土样经硫酸—硝酸—氢氟酸消解后 （1）高锰酸钾氧化，二苯碳酰二肼光度法测定 （2）加氯化铵液，火焰原子吸收分光光度法测定	1.0 以上 2.5 以上	土壤总铬	①
7	锌	土样经盐酸—硝酸—高氯酸（或盐酸—硝酸—氢氟酸—高氯酸）消解后，火焰原子吸收分光光度法测定	0.5 以上	土壤总锌	①、②
8	镍	土样经盐酸—硝酸—高氯酸（或盐酸—硝酸—氢氟酸—高氯酸）消解后，火焰原子吸收分光光度法测定	2.5 以上	土壤总镍	②

（续表）

序号	项目	测定方法	检测范围 (mg/kg)	注释	分析方法来源
9	六六六和滴滴涕	丙酮-石油醚提取，浓硫酸净化，用带电子捕获检测器的气相色谱仪测定	0.005 以上		GB/T 14550—93
10	pH	玻璃电极法（土：水=1.0：2.5）	—		②
11	阳离子交换量	乙酸铵法等	—		③

注：分析方法除土壤六六六和滴滴涕有国标外，其他项目待国家方法标准发布后执行，现暂采用下列方法：

① 《环境监测分析方法》，1983，城乡建设环境保护部环境保护局；

② 《土壤元素的近代分析方法》，1992，中国环境监测总站编，中国环境科学出版社；

③ 《土壤理化分析》，1978，中国科学院南京土壤研究所编，上海科技出版社。

参考文献

[1] 奚旦立，孙裕生，刘秀英．环境监测．北京：高等教育出版社，2004

[2] 奚旦立．环境工程手册（环境监测卷）．北京：高等教育出版社，1998

[3] 韦进宝，吴峰．环境监测手册．北京：化学工业出版社，2006

[4] 国家环境保护总局．水和废水监测分析方法（第四版）．北京：中国环境科学出版社，2002

[5] 杭州大学化学系分析化学教研室．分析化学手册（第二版）第一分册基础知识与安全知识．北京：化学工业出版社，1996

[6] 国家环境保护总局．空气和废气监测分析方法（第四版）．北京：中国环境科学出版社，2003

[7] 国家环境保护总局．环境空气质量手工监测技术规范．北京：中国环境科学出版社，2006

[8] 国家环境保护总局．环境空气质量自动监测技术规范．北京：中国环境科学出版社，2006

[9] 国家质量监督检验检疫总局．分析实验室用水规格和实验方法．北京：中国标准出版社，2008

[10] 国家质量监督检验检疫总局．化学试剂标准滴定溶液的制备．北京：中国标准出版社，2003

[11] 中国轻工业联合会．实验室玻璃仪器玻璃量器的容量校准和使用方法．北京：中国标准出版社，1992

[12] 奚旦立，孙裕生．环境监测（第四版）．北京：高等教育出版社，2010

[13] 孙成．环境监测实验（第二版）．北京：科学出版社，2010

[14] 奚旦立．环境监测实验．北京：高等教育出版社，2011

[15] 奚旦立，陆雍森，蒋展鹏，等．环境工程手册（环境监测卷）．北京：高等教育出版社，1998

[16] 蔡俊．噪声污染控制工程．北京：中国环境科学出版社，2011

[17] 沈萍，范秀容，李广武．微生物学实验（第三版）．北京：高等教育

出版社，1999

　　[18] 肖琳，杨柳燕，尹大强，等．环境微生物实验技术．北京：中国环境科学出版社，2004

　　[19] 钱存柔，黄仪秀，林稚兰，等．微生物学实验教程．北京：北京大学出版社，1999

　　[20] 吴谋成．仪器分析．北京：科学出版社，2003

　　[21] 肖中新，孙世群．淮河干流安徽段水环境质量评价．安徽农业大学学报，2007，34（3）：456－460

　　[22] 赵毅．环境质量评价．北京：中国电力出版社，1997

　　[23] 中国标准出版社第二编辑室．水质分析方法．北京：中国标准出版社，2001

　　[24] 中国标准出版社第二编辑室．大气质量分析方法．北京：中国标准出版社，2000

　　[25] 宋广生．室内环境质量评价及检测手册．北京：机械工业出版社，2002

　　[26] 聂麦茜．环境监测与分析实践教程．北京：化学工业出版社，2003

　　[27] 陈穗玲，李锦文，曹小安．环境监测实验．广州：暨南大学出版社，2010